界面交互设计基础与实践应用

王 蓓 著

哈尔滨出版社

HARBIN PUBLISHING HOUSE

图书在版编目（CIP）数据

界面交互设计基础与实践应用 / 王蓓著 . -- 哈尔滨：
哈尔滨出版社，2024.1
ISBN 978-7-5484-7479-1

Ⅰ . ①界… Ⅱ . ①王… Ⅲ . ①人机界面 - 程序设计
Ⅳ . ① TP311.1

中国国家版本馆 CIP 数据核字（2023）第 156353 号

书　　名：**界面交互设计基础与实践应用**
JIEMIAN JIAOHU SHEJI JICHU YU SHIJIAN YINGYONG

作　　者：王　蓓　著
责任编辑：韩伟锋
封面设计：张　华
出版发行：哈尔滨出版社（Harbin Publishing House）
社　　址：哈尔滨市香坊区泰山路 82-9 号　邮编：150090
经　　销：全国新华书店
印　　刷：廊坊市广阳区九洲印刷厂
网　　址：www.hrbcbs.com
E - mail：hrbcbs@yeah.net
编辑版权热线：（0451）87900271　87900272
开　　本：710mm×1000mm　1/16　印张：10.75　字数：240 千字
版　　次：2024 年 1 月第 1 版
印　　次：2024 年 1 月第 1 次印刷
书　　号：ISBN 978-7-5484-7479-1
定　　价：76.00 元
凡购本社图书发现印装错误，请与本社印制部联系调换。
服务热线：（0451）87900279

前　言

现代数码科技的发展带动了设计的发展，交互设计这一领域逐渐被人们熟知，并发展壮大。交互设计涵盖领域极广，在当前这个时代背景下，有着独特的地位和运用，它对人造物在具体人群中环境下的互动起着重要作用，令产品与人互动交流，使用户更容易理解，并方便操作。移动媒体是承载交互设计的一个重要途径，其中手机作为人们日常接触最频繁的交互产品之一，是众多媒介中极具代表性也是非常重要的一种。

软件交互界面作为现今人们进行信息获取的主要平台和媒介，其设计的好坏直接影响着信息的有效传达。人们越来越重视人机交互过程中软件交互界面的设计与开发。科学化、高效化、系统化的软件交互界面设计成为界面设计师所追求的目标，满足所有用户生理、心理以及行为能力的需要，使他们通过软件交互界面更加快速、准确、高效和舒适地获取和识别所需信息，成为信息社会发展的必然要求。

本书致力于研究人机交互过程中信息传递主体的软件交互界面的系统化设计方法与原则。通过对信息交互过程中人的感知、认知以及行为能力的分析，总结了软件交互界面中信息表达的方式，提出了相关信息表达的设计对策，并将设计师的工作延伸到软件界面开发的所有环节，整合并提出了人机交互过程中软件交互界面设计的可行的系统化设计模型及相关设计对策。主要内容包括界面交互设计概述、软件交互界面设计、产品交互界面的认知困境、产品交互符号系统、产品交互符号的意义及其传达、交互展示设计的技术以及交互展示设计的设计应用等内容。

本书在编写过程中，参考和借鉴了一些学者的专著和研究成果，在此表示衷心的感谢。由于笔者水平有限、教学任务繁重、时间紧，内容难免有疏漏、不妥之处，恳请使用本书的广大师生和同行予以指正，以期交流与再版完善。

目　录

第一章　界面交互设计概述

第一节　软件界面交互设计的
背景及现状

一、海量信息的冲击

当前，信息技术的变革正在全球范围内展开，信息全球化的趋势已逐渐形成，崭新的信息时代已经来临。此时，计算机技术、网络技术的快速发展使大量的信息涌向人们生活的各个方面，人们对于信息的渴望与需求也越来越迫切。海量的信息充斥着我们生活的每一个角落，人们无论是在日常的休闲生活、必需的学习成长过程中，还是在紧张的工作交际中，都要面对大量的、复杂的信息和数据。在现代社会中，信息成了社会的主要财富，信息的传递成了社会发展的主要动力。随着信息交互技术的普及，信息的获取将进一步实现全民化、平等化和通用化，谁享有信息认知的优势，谁就能在信息社会中占有一席之地，谁就能站稳脚跟。

随着海量信息的冲击，以及人们对于信息的需求，大量的信息处理技术被引入人们的日常生活、学习和工作中。电信与计算机系统被有效地合而为一，可以在短暂的时间内将信息传递到世界的任何一个角落，使人类活动的各方面都体现出信息交互的特征。此时信息的载体成了人们一切活动的交互平台，开始参与人类的认知、行为和交流。这种变化正在逐渐改变人们以往的生活方式。

虽然这种变化所带来的海量信息的传递给人们的生活带来了极大的便利，改变了人们的生活方式，但这些海量的、复杂的信息也给人们带来了不小的麻烦。如何使人们能够快速、准确、有效地获得自己所需的信息成为信息时代人们迫切要求解决的问题。计算机技术、网络技术以及其他新技术的发展与应用为信息的传递、认知与应用提供了基础保障，使海量信息能够以视觉化、听觉化以及触觉化等多种可以感知的形式呈现在人们面前。现今，人们在很大程度上是通过计算机、网络以及其他信息载体来完成人与信息之间的交互的。而对于作为信息传递现实载体的人机交互界面的研究就显得至关重要。人机交互过程中的软件交互界面作为人类获取和认知信息的一种重要媒介，是将信息用人们可以感知的元素表现出来的一种有效途径。这种途径为人们浏览、获取信息提供了一种便利、快捷的信息交互媒介。

随着人们生活水平的不断提高，以及人们对于信息交互的新要求，设计师正逐渐把人的因素提到设计的主体位置，这就要求在设计中充分考虑人的方方面面，包括需求、情感、心理、生理以及体验等。因此，现代设计师应该以用户为中心，应当用合理化、高效化、通用化、艺术化以及情感化的设计来应对海量信息的冲击，以及人们对于信息获取的渴望，尽可能通过设计手段减少功能复杂、信息过载给人们带来的信息交互障碍。

二、非物质社会的崛起

在海量信息的冲击下，人们的生活形态正在随着计算机技术、网络技术、数字信息技术的普及与应用，逐渐从物质社会转向非物质社会。"非物质"的概念是由英国历史学家阿诺德·J. 汤因比提出的，他认为，人类将无生命和未加工的物质转化成工具，并给予它们以未加工的物质从未有过的功能和样式，功能和样式是非物质性的，正是通过物质，它们才被制造成非物质性的。而非物质社会指的就是信息社会、数字化社会或服务型社会。

非物质社会是一个基于计算机和网络系统的、以信息交互为中心的社会，是充分信息化的社会，是提供信息服务和信息化产品的社会形态。计算机、网络技术的迅猛发展，以及人们对于信息的饥渴导致了非物质社会的崛起。非物质社会形态最根本的特性是：人们所获得的信息都可以转变成为数字化的内容，可以随时地储存、传递、复制和再造；信息传播的途径已从实体化转变成基于大众媒介、电子服务的数字化传递；设计的形式与功能也开始转变为抽象的、非物质的关系，最基本的表现就是人们进行信息交互的主体媒介——软件交互界面。由于这些特性的影响，人们的行为、生活和信息交流的方式正在发生巨大的变革。在这种社会形态下，基于信息交互的无形产品将在社会经济发展中占有越来越大的比重，人们将花费更多的时间通过非物质的交互形式去获取和识别信息。非物质社会的崛起在一定程度上导致设计由静态的、单一的、物质化的造型设计转向动态的、复杂的、非物质化的信息设计，设计模式也从单向的输出状态转化为双向的互动沟通。因此，在非物质社会中，信息交互、人机交互设计就成为主流趋势。而作为信息交互的主要媒介，软件交互界面的设计研究也就成为重中之重。

三、人机交互设计的发展

人机交互作为人们获取和处理信息的一种重要途径，是信息传递的重要手段。人机交互设计的形成可追溯到人类的早期活动，它的形成和发展经历了漫长的历史阶段。人类使用简单劳动工具时，客观上就存在人、机、环境三者的最优组合问题。在我国，两千多年前就有按人体尺寸设计工具和车辆的做法。随着人类工业革命的进行，人类进入了机器时代，人、机器、环境三者也形成了更为复杂的关系。

人机交互设计作为一门科学形成于 20 世纪初，这时，美国人泰勒和吉尔布雷斯开始用近代科学的研究手段来研究人机交互问题。他们为科学地研究人机交互做出了开拓性的贡献。在他们工作的基础上，人们开始致力于熟练交互和作业疲劳方面的研究。20 世纪 50 年代，电子计算机应用技术迅速发展，20 世纪 60 年代，载人航天活动获得突破，这一切使人、机、环境相互关系的研究更为重要。此时先后出现了工效学、人的因素、人体工程学等与人机交互设计有关的研究学科。

近年来，随着计算机和互联网的普及，计算机和信息技术的应用已经延伸到现代社会的每一个角落。计算机在人类生活的方方面面扮演着越来越重要的角色，它们已成为我们许多人每天都必须接触的工具。与此同时，计算机用户已经从少数计算机专家发展成为涵盖各行各业的普通人群所组成的庞大用户群。这也就使人机交互技术越来越多地应用于计算机交互界面、智能家居、互联网等领域。计算机、通信、消费电子的融合，即 3C 融合也得以成为现实，而人机交互设计的发展过程正是 3C 融合过程，也是当今信息社会的形成过程。

人机交互系统已成为当前计算机系统的重要组成部分，尤其是人机交互界面的设计，已逐渐成为当前计算机行业竞争的焦点，它的好坏直接影响着计算机的可用性和使用效率。但计算机处理速度的迅猛提高并没有使用户使用计算机进行信息交互的能力得到相应的提高，其中一个重要的原因就是缺少一个与之相适应的高效、自然的人机交互界面。

随着人机交互学科的发展，以及人机交互技术的普及，人机交互界面设计的研究意义也越来越凸显，尤其是对软件交互界面的设计研究。现实用户的需求使软件交互界面成为独立并且重要的研究领域，通过完善软件交互界面的设计，在界面设计中贯彻"以用户为中心"的设计理念，可以提高人机交互过程的可用性和舒适性，提高用户的满意度和主观体验，增强产品的市场竞争力。为了迎合信息时代的要求，为了有效解决计算机硬件性能高速发展与软件开发滞后之间的矛盾，为了提高软件信息交互的可用性及宜人性，计算机科学、心理学、人机工程学等领域越来越多的研究人员开始从事软件交互界面的设计研究，各国政府、学术机构及公司都将其列为重点研究项目。

现今，美国国防关键技术计划不仅把人机交互列为软件技术发展的重要内容之一，还增加了与软件技术并列的交互界面这项内容。日本也提出了 FPIEND21 计划（Future Personalized Information Environment Development），其目标就是要开发 21 世纪个性化的人机交互信息环境。我国 973 计划、863 计划、"十五"计划及"十一五"计划均将人机交互列为主要内容。微软和苹果公司都在不断地开发和改进各自操作系统的软件交互界面，如微软的操作系统 Windows Vista 和苹果的 Leopard，它们更加追求界面的简单易用、美观时尚和自然友好，更加符合人的心智模型，更好地体现了以人为本的设计价值观。IBM 公司的易用性软件界面设计已经涉及财政、零售、自动化、电信传播、电子商务等多个信息领域。

我国正处于信息化建设的关键时期，计算机和网络设备等硬件建设通过资金的投入能够很快得以实现，但开发用户喜欢使用的软件交互产品则不是很容易，它需要设计界和企业家做出深入的研究和大量人力、物力的投入。另外，我国有很多用户为接触计算机时间较短、次数较少、水平较低的初级用户。因此，开发简单易用、便捷友好、自然美观，符合用户思维和认知习惯的软件交互界面则显得更为重要和迫切。目前，国内在软件交互界面的研究和应用中也做了许多工作，并取得了一定的成果。如中国科学院软件研究所人机交互技术与智能信息处理实验室所研究的基于感知、认知理论和多通道的用户模型、多通道交互信息整合和多通道用户界面的可用性评估、人机交互软件体系结构等。这些都为提高人机交互过程中软件交互界面的设计开拓了渠道。但这还远远不够，我们应该加大对软件交互界面设计的重视程度，完善软件界面设计的方式方法，真正使软件界面设计达到和谐的信息交互目的。

四、信息认知主体途径的转变

历史证明每一次信息传播技术的变革都会带来人们信息认知主体途径的变化。计算机技术、网络技术、信息技术的发展与进步带来了信息传播的革命，同时也伴随着人们信息认知途径的变化。人类信息认知途径的变化经历了文字的出现、印刷术的应用、模拟电子技术的发明和数字化技术的产生这几个阶段。现今，人们对于信息获取和认知的途径非常广泛和多元化。报纸、杂志、图书、海报、电视、电影、多媒体等都是人们日常生活中获取信息的渠道。但随着计算机技术、网络技术、数字化技术的发展，进入非物质社会以后，通过人与计算机交互的方式，凭借数字化的、可视化的交互界面来获取信息的模式已被大量和广泛使用。交互技术的应用使信息交互的关系趋于平等、自由，使信息的传递突破了时间与空间的限制。与其他方式相比，虽然现在的交互界面还缺少亲和、自然的交互体验，大多数交互产品也不便于携带，但它能够满足人们对于大量信息的需求，并且由于这种方式的快速与便捷使它已逐渐成为现代人们信息获取的主要方式，而人机交互界面也就成为人们进行信息交流的主要平台，这也凸显出对于人机交互界面的设计研究的重要性。

人机交互界面作为人机交互过程中信息传递的现实载体，其目的是使人与机器之间的信息传递更加准确、快速、有效。因此，对于它的研究就显得至关重要。人机交互界面按照其存在方式的不同可广义地分为硬件交互界面和软件交互界面。早期的计算机用户以计算机专业人员为主，他们主要操作和使用硬件界面，但随着应用领域的不断扩展、计算机性能的不断提高，以及网络化的普及，普通的、非专业的人群成为计算机的用户主体，这类人群主要通过软件交互界面进行操作和使用。因此设计能够使大多数人群与计算机之间良好交互的软件交互界面成为计算机能否普及的关键所在。

软件交互界面的重要性在于它极大地影响了用户的最终使用，影响了整个计算机行业的推广应用，甚至影响了人们工作、生活与交流的方式。软件交互界面的研究开发过程非常复杂，所需的工作量极大，还要满足不同用户的不同使用要求，再加之网络的迅猛发展，信息可视化技术、识别技术以及多媒体技术不断发展和广泛应用，人们对于软件交互界面的设计也有了更高的要求，这使它成为人机交互界面设计中最重要也是最困难的组成部分。

软件交互界面刚刚走过了基于字符方式的命令语言界面阶段，现在正处于用户界面的时代。早期的用户界面是通过面板上的字符来显示信息的，随后出现了以二位图形为主的图形用户界面（GUI)，然后随着多媒体技术的发展应用，产生了多媒体用户界面。信息的表现也从简单的文本、字符、二进制数据过渡到利用色彩、图形、肌理来表达的二维视觉元素和利用三维图形技术、虚拟现实技术来表达的三维或多维信息空间；信息传递方式从单一的视觉信息交流过渡到以视觉为主，听觉、嗅觉、触觉等多通道信息交流为辅的传递方式。不管怎样，软件交互设计的不断发展与完善无不体现了设计对人的重视，设计师要尽可能地使软件交互界面设计得更接近自然，降低用户的认知负担，提高用户信息获取与识别的效率。

五、各类人群对于信息的需求

人机交互过程中，软件交互界面中可视化的信息交互设计作为人们信息获取和认知的重要手段，是为了满足大多数用户对于信息的需求。这些用户不但指正常的使用人群（要考虑到他们年龄上的差异、技术知识水平的差异、文化背景的差异等），还包括认知能力、行为能力上有缺陷的残障人群。他们对于信息的渴望也要被尊重。这就要求设计师在进行软件交互界面设计时充分考虑到设计的无障碍化、通用化。

各设计专业领域的最终目的，其实是一致的，即改善人们的生活品质及提高使用效率。改善人们的生活，首先必须要重视使用者的使用意识与使用目的。使用者因有性别、年龄、能力、身体特色等差异性，形成不同而多样的需求。所以探讨使用者与使用者的关系、使用者与产品的关系、使用者与空间环境的关系就尤为重要。这也是软件交互界面设计的初衷。

随着人们物质生活水平的不断提高，人们渴望获得信息的愿望也越来越强烈，但要使不同文化、不同年龄、不同身体条件、不同认知能力的人群都能够借助交互界面准确、快速、有效地获得所需信息，就要求设计师必须开始重视软件交互界面设计的体系化、通用化研究。

第二节　软件界面交互设计研究的意义及目的

一、增进软件交互界面设计的系统化

在对本书内容的调研过程中发现，目前世界上已有很多学者在研究人机交互过程中软件交互界面设计的问题，但大多都是从计算机技术的角度或是某类具体的软件交互界面设计来分析研究的，很少有学者从设计学的角度来系统地研究与探讨软件交互界面的设计问题，并且很少有人从设计的角度提出可行的、系统化的软件交互界面设计流程、设计方法和设计原则。本书就是根据前人已经研究出的关于软件交互界面设计方面的理论成果和方法原则，将其整合，找出目前交互界面设计理论的普遍性、共同点，以及还没有被重视的一些因素，通过对软件交互界面中人的因素和信息的因素的具体分析，通过建立有效的人机交互模型，人的感知、认知模型等，最终得出一套较为完整的关于软件交互界面体系化的设计模型，并从设计学的角度提出了系统化的软件交互界面设计的研究方法、设计流程和设计对策，使现今纷繁复杂的软件交互界面设计更加系统化、合理化。

二、增强软件交互界面设计的通用性

本书阐述了软件交互界面设计对于用户的重要性，包括考虑用户的能力和需求的重要性，分析了有着不同感觉、身体条件、认知能力的用户，有着不同年龄的用户，有着不同文化背景、知识结构的用户，有着不同观点、兴趣和经历的用户。本书内容充分考虑到了交互界面用户的多样性问题，因为这些因素都影响软件界面交互的方式和效率。通过对这些内容的分析、整合，得出软件交互界面的设计对策，以及如何使软件交互界面在广泛的环境下允许尽可能多的用户来使用交互界面获取和识别信息，从而增强软件交互界面中信息传递的无障碍化、通用化。

三、提供可行的软件交互界面设计的参考依据

人机交互过程中软件交互界面的设计研究本身就属于多种学科交叉合作的领域，经过长时间的实践和探索，人们总结出了很多软件交互界面的设计方法，并且开发了很多种工具。这些有效的方法和工具往往可以有效地运用于不同产品在不同阶段的设计。本书对于软件交互界面设计的研究融合了设计学、心理学、计算机技术等多学科知识，对人机交互过程中软件交互界面的设计进行了系统化、全面化的分析，通过对不同用户的感知、认知以及行为能力的研究，以及对信息表达方式的分析、整合，得出了软件交互界面的设计流程模型、需求分析模型、设计实施模型、测试评估模型以及相关的设计对策，为今后的软件交互设计、界面设计提供了可行的、有效的参考依据。

第三节　软件界面交互设计的相关概念与内容

一、相关概念

1. 人机交互

简单地说，人机交互（Human-Computer Interaction，HCI）是一门关于设计和评估以计算机为基础的系统，且使这些系统能够更容易地为人类所使用的学科。广义地讲，人机交互是人—机—环境系统工程学研究中的一个重要领域，它不但研究在设计人机系统时如何考虑人的特性和能力，以及人受机器、作业和环境条件的限制，还研究人的训练、人机系统的设计和开发，以及同人机系统有关的心理学、生物学或医学的问题。经过多年的发展，人机交互技术已经演变成为一门交叉性极强的新兴边缘学科，目前已由仅仅针对计算机人机界面领域的单纯学科，逐渐成为广泛应用于机械及自动化、工程心理学、工业设计、人机与环境工程、安全技术工程、交通运输、航空航天工程等领域的应用学科。

对于人机交互的研究与其他学科一样，都是随着适应人们生产与生活需求的过程，以及相关技术的进步而发展起来的。发展初期，计算机的用户都是些计算机的专家，有关人机界面的技术工作是分散的、局限的，还没有被单独提出来。20世纪60年代中期，小型计算机的产生带动了人机交互研究的发展，但这些发展只体现在计算机硬件设计方面。20世纪80年代，人机交互研究形成了自己的理论体系和实践范畴。研究开始强调认知心理学、行为学和社会学对于人机交互研究的指导，并开始强调计算机对于人的反馈作用。20世纪90年代以来，人机交互技术的研究开始转向"以人为中心"的智能化、多通道、多媒体、虚拟现实的交互设计研究，成为现今人机交互研究的核心。

现今，人机交互研究的主要内容包括人的交互特性的研究，计算机的相关性研究，人的感知、认知以及行为能力的研究，计算机系统以及交互界面的构架和系统开发的规范及过程等。研究的主体要以人为中心，要保证以符合人类习惯的方式进行交互过程；要达到基于用户特征的身份识别；要达到理解用户的感情和意图，主动地进行交互与服务；要达到更加广泛的实际应用；等等。

人机交互技术在人—机—环境系统工程的研究中，已经经历了人适应机器、机器适应人、人机相互适应几个阶段，现在已深入人、机、环境三者协调的人—机—环境系统。在系统内，从单纯研究个人的生理和心理特点，发展到研究怎样改善人的社会性因素。随着市场竞争的加剧和生产水平的提高，人机交互技术在各种产品的设计和制造中的应用也将更加广泛和深入。作为一门多学科交叉的学科，人机交互的研究需要计算机科学、工业设计、生理学、心理学等工程技术学科和人体科学的有关知识，这些知识对于开展人机交互的研究具有非常重要的意义。

2. 认知心理学

认知心理学又可称为信息加工心理学，是以信息加工理论为核心的心理学。认知心理学的主要目的和兴趣在于解释人类的复杂行为，如概念的形成、问题的求解等，也有人认为认知心理学主要研究人类高层次思维活动与初级信息加工的关系。总的来说，认知心理学的核心是将人的思维活动看作信息加工的过程，认为人脑对信息的加工过程与计算机处理信息的过程相类似，是信息输入—加工—输出的过程，它侧重于对输入的信息及主体外显的行为进行研究。

认知心理学是现代心理学研究中最为重要的研究取向，并不仅仅是单纯的心理学分支，其核心理念在普通心理学、实验心理学等分支学科中迅速得到体现，并且随着计算机科学和信息技术的发展，正逐渐成为占主导地位的心理学流派。认知心理学研究的主要内容包括感知觉过程、模式识别极其简单的模型、注意、意识与无意识、记忆、知识表征、语言与语言理解、概念、推理与决策、问题求解等方面。

人机交互界面设计过程中的许多心理现象都可以用认知心理学的观点和模型来解释，如人机系统模型、用户操纵的信息处理模型和信息传达模型等。此外，认知心理学中的知觉理论、模式识别、注意、记忆、问题求解等内容也可以被广泛应用于设计艺术心理学当中。本书围绕"信息认知"所展开的用户心理研究主要是基于认知心理学的观点，将人视为一个理性的信息加工处理的载体，按照信息加工处理的一般规律总结并提出进行软件交互界面中信息表达设计的方法，以及提高界面设计适用程度的各种规则。

二、核心内容

1.用户的感知与认知分析

本书基于对用户认知心理学的研究，分析了软件交互界面设计中用户的感官感知能力，包括视觉、听觉以及触觉的感知要求及设计时应该遵守的相关原则。进而通过对用户感知能力的分析总结了用户对于界面信息认知的过程，包括对信息表达的知觉、注意、记忆以及思维等，并提出了符合用户对于界面信息认知能力的相关设计要求。最后进一步分析了不同年龄用户、不同身体条件的用户以及不同文化背景的用户的感知、认知能力，并提出了相关的设计要求，为软件交互界面的通用化设计提供了设计依据。

2.信息表达的方式与设计对策

基于对软件界面设计中用户的感知、认知能力的分析以及提出的相关设计对策，本书着重对软件交互界面的信息表达进行了深入阐述，研究了界面信息表达的基本方式，包括视觉信息表达、听觉信息表达以及色彩在信息表达中的应用等，还研究了实现这些信息表达方式的相关技术支持。结合用户的感知、认知能力分析，根据艺术设计的相关原则整合提出了软件交互界面设计中信息表达方式的设计要求与原则。

3.软件交互界面的可行性设计模型

在对软件交互界面设计中的主体因素——用户与信息表达进行了系统的研究与分析之后，结合对前人设计实践的研究以及相关界面设计理论的支持，本书总结提出了人机交互过程中软件交互界面的可行性交互设计模型，它包括软件交互界面设计的整体流程模型、软件交互界面设计的需求分析模型、软件交互界面设计的设计实施模型以及软件交互界面设计的测试评估模型，为今后软件界面的设计开发提供了相关的设计支持。

第二章 软件交互界面设计

第一节 人机交互

　　人机交互是研究人、计算机以及它们之间相互关系的技术，人机交互研究的目的是有效地完成人与机器之间的信息传递，它是人与计算机之间各种功能和行为的双向信息传递。这里的交互泛指一种沟通，即用户与计算机之间的信息识别过程。这个过程可由用户向计算机输入信息，也可由计算机向用户反馈信息。这种信息沟通的形式可以采用各种方式呈现，如键盘上的击键，鼠标的移动，显示屏幕上的视觉、听觉、触觉元素等。

　　人机交互界面是人机交互过程中信息传递的现实载体。人机交互的研究包括人的特性的研究、机器特性的研究、人—机关系的研究、人—环境关系的研究、机—环境关系的研究以及人—机—环境系统总体性能的研究等。图 2-1 为人机交互的概念图。

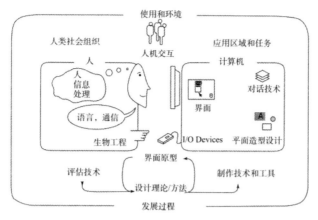

图2-1 人机交互的概念图

丹·R.奥尔森曾指出，人机交互是未来的计算机科学。我们已经花费了至少50年的时间来学习如何制造计算机以及如何编写计算机程序。下一个新领域自然是让计算机服务并适应于人类的需要，而不是强迫人类去适应计算机。总的来说，人机交互本质上是认知过程，人机交互理论以认知科学为理论基础。

第二节 人机交互理论的代表

在人机交互的发展过程中，有很多杰出的代表人物，产生了很多相关方面的研究成果，并促进了人机交互设计研究的发展，为后来的交互设计奠定了基础。表 2-1 是具有代表性的人物与相关的研究成果。

表2-1 人机交互理论的代表人物及研究成果

代表人物	相关研究成果
Vannevar Bush	他构想了Memex设备。这种设备是最早的人机交互技术的代表。它能够存储所有记录、文章和通信。它的内存巨大，能够按索引、关键词相互参照获取信息，能够通过相互连接进行管理。Bush构想的这种计算机交互设备增强了人类智力的概念，从而打破了计算机当时的应用领域
Douglas C.Engelbart	他对于人机交互技术的突出贡献是于1964年发明鼠标。他还创建了其他一些重要系统，如层次超文本、多媒体、高解析度显示、窗口、文件共享、电子信息、CSCW、远程会议等

代表人物	相关研究成果
Stuart K.Card	他对计算机输入设备进行了深入研究，并提出了有关鼠标移动定位的定理——费茨法则，为鼠标的商业化应用奠定了基础。他和他的研究小组提出了一系列的有关人机交互的理论，包括人类处理模型、人机交互的GOMS模型、信息搜索理论等；并提出了不少人机交互新理论，如交互工作空间管理和信息可视化
Ben Shneiderman	他撰写了《软件心理学：计算机和信息系统中的人类要素》，并在该书中发明了直接操作概念，还在1983年首次设计了选中条目点击转到另一页的方法
Donald A.Norman	他是认知科学的开拓者之一。他发展了HCI的应用科学，涉及认知学、工程和设计。他在HCI方面做出了大量创造性的成就。他在自己撰写的《设计心理学》一书中提出的以人为中心的设计概念突破了人机交互的狭窄领域，为大众所接受
John M.Carroll	他是人机交互理论的先驱者、领导者，他的研究工作涉及哲学、认知科学、社会学、系统科学和设计理论，在理论和实践方面进行了创造性的结合。他的突出贡献是提出基于情境的设计理论
Thomas P.Moran	他是早期同Allen Newell和Stuart Card共同在人机交互理论方面进行研究的学者，论著有《人机交互心理学》。他们的理论包括人的信息处理模型和GOMS模型等，对人机交互研究产生了巨大影响。20世纪70年代，其同设计人员一道为Xerox Star创立了设计方法，这是世界上第一个桌面隐喻系统
Ivan Sutherland	他在1963年开发了一个称为Sketchpad的系统，包含了图形化人机界面的光辉思想
Alan C.Kay	他在1977年提出为个人服务的直接操作界面"Dynabook"，这也是现代笔记本电脑原型，他还在施乐公司帕洛阿尔托研究中心（PARC）成功地开发出了面向对象的编程语言"Smalltalk"
Mark Weiser	他提出了无处不在的计算。无处不在的计算描述了具有丰富计算资源和通信能力的人和环境之间关系的场景，在需要的任何时间和地点都可以提供信息和服务，这个环境与人们逐渐融合在一起。它把计算机嵌入各种类型的设备中，建立一个将计算和通信融入人类生活空间的交互环境，从而极大地提高个人的工作以及与他人合作的效率。同时他提出了一种人机交互，充分利用人体丰富多彩的感知器官和动作能力，以及人们与日常物理世界打交道时所形成的自然交互技能来获得计算机提供的服务

第三节　人机交互界面

一、界面的概念

界面是两种不同物体间信息交流的手段，界面设计是交流过程的整体设计，是系统地优化人际互动关系的过程，以尽量简化人的操作、提高人机交流的效率为目的，亦称用户界面设计。

二、界面的发展

1. 口传界面阶段

自然社会经济条件下，由于生产力低下，社会分工不明确，人类一切生产造物活动的目的是寻求生命与种族的延续。原始的生产力建立在个人劳动实践与经验积累的基础上，人们依靠五官的体验来认识世界、积累经验知识，这就产生了最为直接的、面对面的在场交流的形式和语境。这种建立在人际关系基础上的"界面"使交流过程双向互动，同时传统的权威得以维持。由此可以推断那时所谓"界面"的表达内容和形式是多介质与全方位的：语言、手势、表情，乃至丰富的肢体语言。这些手段的有效应用，不仅使符号的传播得到了互应，而且能确保信息交流达到顺畅的正反馈效应。但同时这种界面交流受到时间与空间的限制，其历时性效率大大降低。图 2-2 显示了口传界面阶段的信息交互情况。

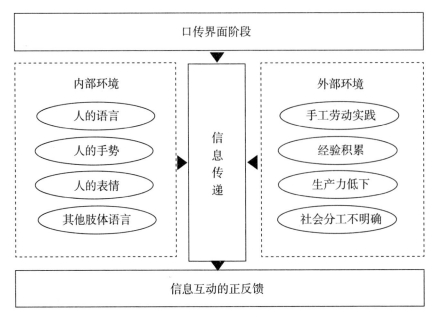

图2-2　口传界面阶段的信息交互

2. 印刷界面阶段

随着文字系统的完善以及印刷术的发明，人类可以将信息进行高效率的复制，这也是社会分工影响的结果。社会分工使生产力得到一定的解放，社会中的一些行业需要建立历时性的信息传播渠道以确保经验知识得以有效流传。不同国家的建立使不同利益阶级的矛盾冲突加剧，信息的传播需要在疆土范围内进行空间的跨越。印刷文化阶段，信息不再依赖于在场，它存储在可移动的媒介（印刷物）中，使不在场交流成为可能，也随之产生了我们今天所说的"广义人机界面"。同时，人与人交流的手段在从某种意义上受到限制。因此这一阶段的界面设计在实现空间与时间跨越的同时，也带来了社会互动中信息解码的损失。图 2-3 显示了印刷界面阶段的信息交互情况。

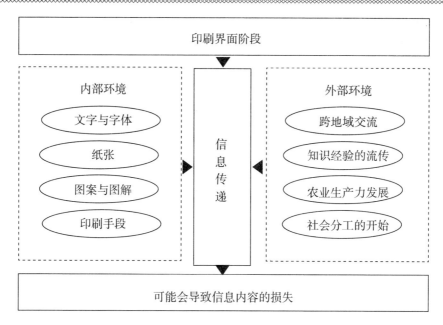

图2-3　印刷界面阶段的信息交互

3. 机械电子界面阶段

　　新能源的发现解放了人类的体能，极大地提高了社会生产力。同时，在科学理性的指引下，所有领域都进行着纵向深化，这时机械电子界面出现了。在这个到处充满着技术、机械、产品的社会中，人类如何与机器实现有限的交流，如何控制与使用机器为自身的生产生活服务，成为设计师研究的中心。由于机器的使用者与设计者不在同一个时空里，操纵机械者在使用机器的"阅读"活动中较之与设计者面对面交流，更带有改写原文本的倾向。所以我们说，人机界面设计的实质是实现产品使用者与产品设计师之间的人与人的适时现场交流，即使用者能充分理解设计师对于信息的可视化传达。这种以信息视觉化为特征的界面要求人机交互界面的设计实现双向互动。这使我们认识到，无论多先进的设备，都必须与用户的使用操作行为达成互动适应，这样才能达到使用的目的。这也推动了设计领域中关于语义学的研究，设计师试图通过对人机交互界面中信息可视化符号的研究，探寻一种人与机器有效互动的交流途径。图2-4显示了机械电子界面阶段的信息交互情况。

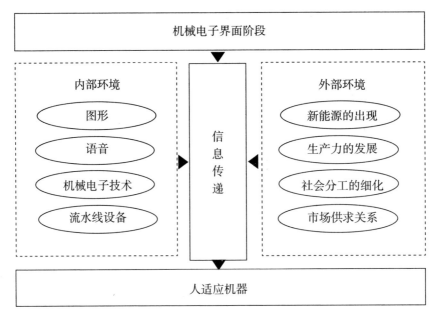

图2-4 机械电子界面阶段的信息交互

4. 比特界面阶段

今天，伴随着个人计算机的普及应用，虚拟化的信息技术带动了人类智力的解放。系统化促进了整个人类社会从无序走向有序。我们生产、生活的实践经验，已经脱离了物质化的层面，进入虚拟的比特网络空间。人们正习惯于网络聊天、网上购物、移动办公等全新的生活方式。通过一个非物质化的网络世界，人类实现了一次空前的革命。在这个比特文化阶段，时空分离的生存方式是完全符合逻辑的。一方面，这有利于加快信息的传播速度、拓展信息的传播领域；另一方面，在实现不在场交流的过程当中，作为信息的唯一中介物，虚拟化的网络界面扮演着举足轻重的角色。我们说，这种非物质化界面的显著特征就是实现面对面交流时的信息传达和接收的正反馈效果，才能将社会带入有序化发展的轨道。计算机技术的迅速发展，引起了软件人机界面的发展，从而导致计算机应用领域的迅速膨胀，以至于今天，计算机和信息技术的"触角"已经深入现代社会的每一个角落。相应地，计算机用户已经从少数专业人士发展成为由各行各业用户组成的庞大用户群。图2-5显示了比特界面阶段的信息交互情况。

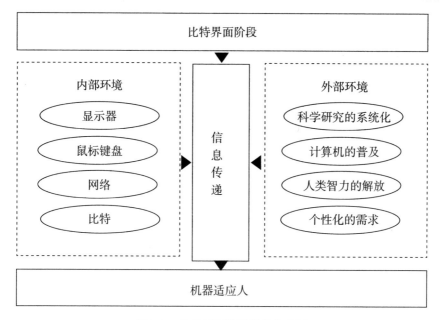

图2-5 比特界面阶段的信息交互

三、人机交互界面

人机交互界面作为人与机器进行交互的媒介，是人机交互过程中的关键组成部分，信息是如何通过界面传送到机器当中，用户又是如何从界面中获取反馈的可用信息都是界面所担负的重要任务。人机交互界面的概念提供了一种有效的方式解决人的信息需求。人机界面设计的研究涉及人体工程学、认知心理学、生理学、计算机科学、符号学、语义学、色彩学、设计学、图形学等多学科领域。图 2-6 为人机交互界面设计的相关知识。

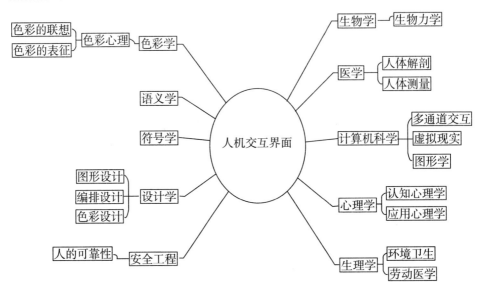

图2-6 人机交互界面设计的相关知识

计算机系统是最为常见的人机系统，它由计算机硬件、软件和用户三者组成。按通常的理解，用户与硬件、软件的交叉部分即构成计算机系统中的人机界面（又称用户界面）。如何使基于计算机的人机交互系统的设计更加有效、可用，关键是要使人机交互界面适应用户的特性，从而使用户工作得更舒适、更健康、更满意，使用户对于信息的认知更便捷、更有效，这就是人们对现代人机交互界面设计的要求。作为人机交互的通常形式——人在操作计算机时主要是通过人机交互界面来获取信息的，这种交互状态如图2-7所示。

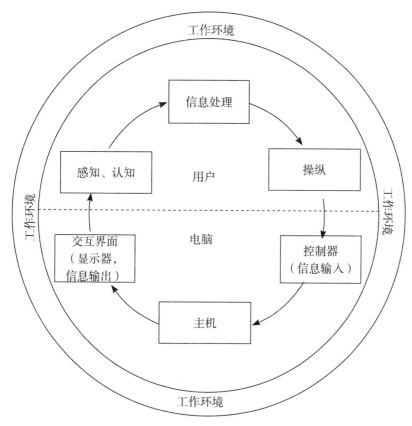

图2-7 计算机系统的交互状态

四、软件交互界面

人机交互界面可广义地分为硬件交互界面和软件交互界面，硬件界面与软件界面都可以帮助来完成信息的输入输出。硬件界面属于硬件设计范畴，即产品的硬件与用户身体直接接触部分的设计，这就是传统意义上的产品外形设计，如机器控制面板的造型与布局设计。硬件界面通过鼠标、键盘等输入设备将外界信息输入计算机，可以通过触觉振动控制器或音响等设备将处理后的信息输出给用户。人机交互界面的分类如图 2-8 所示。

软件交互界面属于软件设计范畴，通过软件图形界面使产品的功能价值得以实现，使用户对产品所传递的信息易于理解和应用，如计算机软件视窗的设计。软件交互界面通过触摸屏来获得用户输入的信息，又通过图形元素、文字元素、色彩元素以及对这些元素的合理编排等视觉化的表征将信息反馈给用户，这种方式也是当今社会人们获取信息的主要方式，本研究也是主要针对软件界面的设计研究。

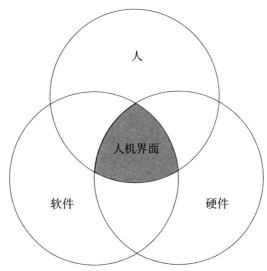

图2-8　人机交互界面的分类

在人机交互的过程中，计算机的各种信息表达都是服务于人的，都是要实现从计算机到用户的信息传递。用户通过视觉、听觉和触觉等感官来接收计算机所传递的信息，随后经过大脑的加工、决策，最终对所接收的信息内容做出反应，实现人对交互信息的识别。人机交互过程中的软件交互界面是着眼于人与计算机之间的信息交流与互动的一种信息传递的主体媒介。用户通过软件交互界面将功能要求、要执行的命令传递给机器，而计算机则通过软件交互界面将处理后的可视化信息反馈给用户。

软件交互界面设计是一个复杂的由不同学科共同参与的工程，用户心理学、设计艺术学、人机工程学等在此都扮演着重要的角色。随着计算机相关技术的提高和数字消费产品的增加，产品的非物质化进程日益加快，产品的体积造型将不再是问题；同时，产品功能日益复杂化、多样化。用户需要更易于理解的信息，要求产品具有友好和简单明了的交互界面设计，从而要求设计者考虑到用户的人群属性、心理需求、认知水平和文化背景等相关属性，传统的"产品设计"将从造型设计更多地转向软件交互界面设计。它具有以下特点：①典型的人机互动性。即设计与用户紧密相关，用户的反馈是设计的重要组成部分。②手段的多样性。人类计算机能力的加强将带来交互方式的革命性发展，从平面到立体，从键盘到语言，从真实到虚拟，信息的多样化应用将创造新的生活。③紧密的技术相关性。新产品的出现会刺激新的软件交互界面产生，所以界面设计随着新技术的发展不断完善自身。从设计角度而言，软件交互界面设计可以理解为工业设计与视觉传达设计之间的交叉性学科。

第四节　软件交互界面设计的相关因素

一、人与软件交互界面设计

软件交互界面设计过程中的人即用户，界面的使用者，是设计软件交互界面时的目标使用对象。任何交互系统中所讨论的中心角色都是人，而人处理信息的能力是受到限制的，因此，在设计中应最优先考虑用户的需求。人在交互过程中的研究主要分为以下几大部分：感知系统，处理来自外部世界的感官刺激；运动神经系统，控制人的动作；认知系统，提供必要的处理来连接前两个子系统。人还受诸如社会、文化、知识结构和组织环境等外部因素的影响，所以在设计时也应考虑这些问题。

二、信息与软件交互界面设计

软件交互界面是实现人与计算机之间传递和交换信息的平台与媒介，其交互过程的工作流程是：软件交互界面为用户提供直观的、感性的信息刺激，支持用户运用知识、经验、感知和思维等过程获取和识别界面交互信息。计算机分析和处理所接收的用户信息，通过软件交互界面向用户反馈相应的、可用的信息或运行结果。任何有效的人机交互功能的完成，常常由四个基本功能组成和实现，它们是信息存储功能、信息接收功能、信息处理和决策功能以及执行功能。信息存储功能与其他三项功能都有联系，因此列在其他三项功能之上。人机交互过程中的信息处理如图 2-9 所示。

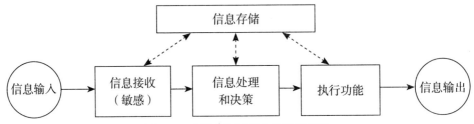

图2-9 人机交互过程中的信息处理

信息接收过程中的信息有的来自系统以外，有的来源于系统内部，如具有反馈特性的信息或是系统中存储的信息。用户的信息接收是通过各种感知方式来实现的，如视觉感知、听觉感知和触觉感知。信息存储过程中大多数的存储信息都是通过视觉化元素，如编码、符号、图形等形式来表现的。信息的处理和决策包括用接收的信息和储存的信息来完成各种交互方式。执行功能一般是由信息处理和决策所产生的动作和行为。

三、计算机与软件交互界面设计

软件交互界面，即人与计算机之间相互作用的软件界面系统，已成为计算机科学发展必不可少的重要组成部分。软件交互界面是联系人与计算机软件系统的桥梁与纽带，要使人更有效地利用软件交互界面获取所需信息，离不开计算机技术的支持和帮助。

计算机作为人机交互过程的重要组成部分，是人类信息交互的主要工具，掌握计算机知识已成为现代人类文化不可缺少的重要组成部分，基于计算机的人机交互技能则是人们工作和生活必不可少的基本手段。人机交互技术的发展是跟随着计算机技术的发展而发展的，每一个计算机发展时期都有相应的人机交互新技术、新产品出现，如图 2-10 所示。

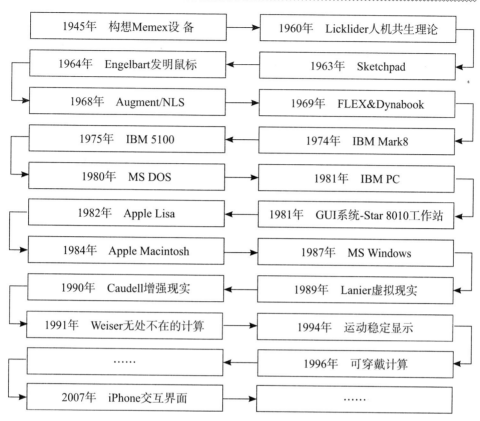

图2-10 人机交互技术的诞生过程

　　基于计算机技术发展的人机交互技术演化的过程是：计算机技术的革新导致某种占主导地位的理论框架或科学世界观的改变（以下简称范式的改变），而范式的改变又产生了相应的应用人群（简称用户），这些用户又反过来实现范式的新的改变，从而促进计算机技术的发展。在这个演变过程中范式的变革指导促进了人机交互技术的发展。

第五节　软件交互界面设计与相关学科理论

一、人机工程学与软件交互界面设计

软件交互界面设计过程中的人机工程学主要研究交互界面设计中与用户身体有关的问题，如用户的体形特征参数、用户的感知特性、用户的反应特性、用户的心理特性（特别是用户的认知能力）、用户的生活习性和经验以及用户的情感等。在软件交互界面设计中，研究人体尺寸可以解决用户进行交互行为的合理性和身体的舒适性；研究人体感知可以解决用户信息感知的合理性与舒适性；研究人的心理特征，可以使用户在使用过程中高效地完成交互行为，有效地接收和识别界面信息，并使用户在健康的环境中进行信息交互。对人体特性的全面研究，可以合理地指导软件交互界面设计中信息表达和交互方式的运用，使软件交互界面达到最优的交互状态。

二、认知心理学与软件交互界面设计

在软件交互界面设计过程中，要考虑人与计算机之间存在的信息的传递与反馈、行为的输出与实现的关系，为了使信息的传递更加快捷、精确，行为的实现达到高效、准确，就要研究界面设计中的信息交互和行为交互，而要实现这些，在研究中必须考虑到交互过程中用户的认知心理问题。认知心理学就是信息加工心理学。为了提高人机交互的水平，增强用户与计算机之间的沟通，必须对使用软件交互界面进行信息交互的人有较为清楚的认识，也就是说首先要对人的心理有所了解。在设计过程中，设计师既要了解人的感觉器官是如何接收信息的，也要了解人是怎样理解和处理信息的，以及学习记忆有哪些过程，认识是如何进行推理的，等等。这样才能使软件交互界面设计适应于人的自然特性，使交互界面满足用户的需求。通过对用户认知心理的研究，可以考虑用户的感性和理性成分，解决用户与计算机的自然交流问题，防止交互过程中出错，使交互界面更友好、更和谐、更有效、更可用。

三、设计美学与软件交互界面设计

软件交互界面设计过程中设计美学主要从设计的构成法则和形式美的内容两个方面进行研究。曾经有设计研究者提出："用'美'和'技术'两方面衡量生活的合理性，即所谓'现代化'是设计振兴的中心课题。"而这个思想后来常被人们用来诠释设计这门新兴学科的内涵。"美"与"技术"这两个要素的结合，正是设计研究的中心内容。特别是信息时代，软件交互界面的设计已经超越了形式与功能的关系。软件交互界面设计是沟通用户与计算机的重要媒介，设计美学的知识在界面设计过程中应该发挥其重要作用。交互设计师应该通过设计美学原理为新技术及交互信息赋予一层更深刻的内涵，利用艺术设计的手法消除用户对于软件交互界面的应用和信息认知的障碍，并通过设计美学在软件交互界面设计中的充分体现，满足用户的审美需求，从而使其对交互信息的识别更加快捷、便利和有效。

四、符号学与软件交互界面设计

所谓符号，就是对感性材料的抽象并将之概括为某种普遍的形式。瑞士语言学家索绪尔认为语言是一种结构性的社会制度和价值系统，是一种历史的约定俗成。人们如果想进行信息交流就必须遵守它。语言由一定数量的符号要素构成，其中每一个符号的价值意义都是通过与其他构成符号相比较来获得的。符号是负载和传递信息的中介，是认识事物的一种简化手段，表现为有意义的代码和代码系统。软件交互界面设计中的符号作为一种非语言符号与语言符号有许多共性，使符号学对软件交互界面设计也有实际的指导作用。通常来讲，可以把软件交互界面设计中的信息元素看作符号，通过对这些元素的加工与整合，实现传情达意的目的。交互设计师应在软件交互界面设计中运用符号学原理，探讨符号设计与信息视觉化设计的关系，并根据符号具有的认知性、普遍性、约束性和独特性来帮助交互设计师更好地处理人机交互过程中人与计算机之间的信息传递关系。

五、色彩学与软件交互界面设计

在自然世界中，色彩是一种概念，是一种信息表征的客观现象的存在。人们对色彩的理解是：由于光的作用及各种物体因吸收光和反射光量的程度的不同所呈现的现象。这些色彩现象是通过人的视觉感知来识别的。色彩是人类生活的一个重要信息表征的元素，在信息社会中扮演着重要的角色，因为在人类信息沟通、人机交互的过程中，色彩非常容易带有政治、文化、宗教、情感等信息所要表达的含义。在软件交互界面设计过程中，用户对于界面信息的识别，色彩是第一信息刺激，交互界面信息的接收者对色彩的感知和反应是最敏感和最强烈的。在软件交互界面设计过程中如何运用色彩学原理来处理信息内容是交互界面设计成败的关键之一。因此，在软件交互界面设计过程中，研究和探索色彩的运用，不仅仅要学习色彩的基本知识、色彩的应用原理，更要认识和掌握色彩学的相关理念，充分发挥色彩在软件交互界面信息表达设计中的作用和功能。

六、人类关系学与软件交互界面设计

在软件交互界面设计过程中，人类关系学主要涉及交互系统对社会结构影响的研究，即人机交互决定人际关系；而人类关系学还涉及交互系统中的用户群体的信息交互活动的研究。这使软件交互界面设计需要研究用户的文化特点、知识结构、审美情趣以及用户的习惯、经验等。在现今信息爆炸的时代，在软件交互界面的设计过程中，用户的人文因素越来越受到重视，对软件交互界面设计的影响也越来越大。设计师必须充分意识到这一点，将其有效地结合到软件交互界面的设计中去。

第三章 产品交互界面的认知困境

第一节 产品特征及其设计发展

一、产品特征

（一）复杂化

随着时代的进步和科技的发展，一方面，产品概念不断延伸，产品品类不断丰富，产品更新换代不断加速；另一方面，产品以技术先进、功能集成、结构创新、系统性强、动态性高为特征的复杂化趋势愈加明显。产品复杂化，其根本原因是人类不断提升的主观需求，外在原因是材料、技术、工艺、制造等来自客观世界的限制不断削弱，刺激因素是激烈的市场竞争，最终使产品表现为系统复杂化：不断增大的系统总体功能和系统集成度，不断增加的系统组成成分和相互接口，不断提高的系统功能指标和性能指标。

（二）同质化

在传统制造业创新动力不足的背景下，一方面产品受到成本与品质的控制，大量采用成熟的制造工艺与技术降低风险，另一方面设计理念的更新与技术本身的革新需要一定的时间周期，导致了市场产品的同质化现状。比如，不同品牌的手机、电视机、数控机床等产品，其相应的功能、性能基本没有非常大的差异。过度的产品同质化导致了资源的浪费，使企业创新乏力，不得不通过"价格战"等方式进行不良竞争，也造成了用户审美的疲劳。如何在同质化的产品中脱颖而出需要设计师更多的智慧与创新。

（三）黑箱化

所谓产品"黑箱化"指的是产品外观、结构、功能之间缺乏特定的必要关联，用户无法了解产品的内部结构，仅能通过它的"信息输入—信息输出"关系理解和认知产品。比如我们每天都看的数字电视（机），绝大多数用户并不了解它的信号传输原理、内部构造和数字成像原理，只能从信息和行为的关联上理解产品。特别是我们正处在高速发展的信息时代，数字技术、信息技术、网络技术不断地向传统产品渗透，产品的自动化程度、信息化水平越来越高，产品黑箱化趋势明显，产品造型与机能也失去了必然的密切联系。

（四）非物质化

伴随着计算机和通信技术的迅速发展，人类已进入智能时代和信息时代。物联网技术与半导体技术等软硬件的发展为产品的非物质化提供了技术条件，人机交互、用户体验、交互设计等新理念的研究为产品的非物质化提供了拓展方向。智能汽车、智能手机、智能穿戴产品等，都大大拓展了传统产品的定义，硬件载体作为产品有形的物质形式，不再是产品竞争力的核心。产品非物质化的趋势将极大地改变产品设计：首先，智能化使产品所包含的优质服务、良好用户体验等非物质内容，已成为产品竞争的核心要素；其次，许多需要实体产品承载的活动或过程逐渐被数字信息这种非物质的形式取代（如在线虚拟支付取代货币的交换流通，音乐光盘存储被在线存储取代等），产品本身已经呈现非物质化的趋势；最后，用户与产品的交互空间也从原来具体的物理空间（如商店、电影院）拓展到了物质形式与非物质形式（如虚拟网络空间、全息投影空间等）并存的综合交互平台。

二、产品设计发展

（一）信息与交互

在信息化时代，产品发展交叉融合、特征鲜明，由高技术、高性能和多功能集成的复杂化、不同品牌甚至同品牌系列产品的同质化、产品控制与结构不可见的黑箱化以及产品形式的非物质化使产品设计从传统的造型设计扩展到了更加广泛的领域，信息与交互已经成为当代产品设计的重要领域和方向之一。目前，信息与交互设计主要集中在界面、用户和产品三个层面上，通过界面来实现用户与产品之间信息的双向沟通，定义人与产品之间的关系和交互行为。从信息与交互设计的角度看，信息是在产品内容层面的设计对象，定义了设计对象的意义；交互是在行为、关系、动作、流程等层面的设计对象，定义了设计对象的形式。如果把产品信息与交互设计和传统的造型设计进行类比，交互设计也可以看作内容和形式的二元体系架构，内容是交互所实现的功能，形式则是交互（如流程、行为、方式、反馈等）的艺术表达。

（二）系统与界面

传统的产品造型主要包括功能、材质、色彩、形态等设计要素，它重视造型与环境的协调、与社会文化的延续性，它从造型与人机关系的匹配上重视产品工效。而信息与交互设计则是从交互系统的视角，重视产品交互界面设计。交互系统是产品所在的"人—机—环境系统"中的一个重要组成部分，它是在用户与产品交互的接口，在用户—产品之间起到信息交流和控制活动作用的载体，产品的各种信息显示是通过人体感觉器官作用于用户，实现产品—用户的信息传递；用户接收到信息后经过感知觉、记忆系统、思维和决策等认知加工，做出反应选择和动作输出，完成用户—产品的动作传递，如图 3-1 所示。产品交互界面研究的核心是在特定环境下用户与产品关系的协调问题，优良的产品交互界面设计能有效地解决交互行为的有效性、效率、安全和舒适等问题。产品交互界面是用户与产品之间传递、交换信息的媒介和对话接口，通常是指用户与产品硬件和软件交互的界面，是实现产品硬件、软件和用户三者之间协调一致的载体。

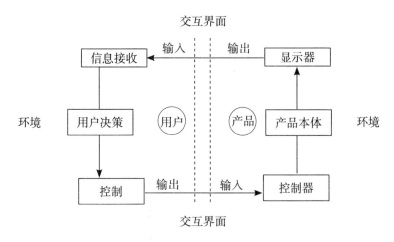

图3-1　产品交互系统

（三）符号与认知

相比传统的产品造型设计，产品的信息与交互设计也从关注用户与产品间的匹配关系转换为用户认知因素和系统逻辑过程的结合问题。随着高科技、信息化、服务化产品的快速发展，用户与产品的交互问题逐渐凸显出来，主要是产品交互界面设计不合理问题，界面不易理解、不易学习、不便使用、软硬件界面不匹配等，造成用户和产品之间不能精确、有效、高效地进行信息传递和交换，造成用户的认知障碍，信息交流不通畅，甚至产生误解和错误。因此，从认知问题出发，研究产品交互界面的设计问题十分有必要。

产品交互界面是用户与产品双方通过各种符号进行双向信息交换的平台，可实现产品信息的内部形式与用户可以接收形式之间的双向转换。从设计学与符号学交叉角度界定，产品交互界面主要是通过图形、文字、形态、色彩、材质、声音等交互符号要素及其组织构成关系进行合理设计，实现产品信息传达的有效性和高效性，同时满足用户的精神需求，获得用户满意。因此，交互符号是产品界面实现信息传达和人机交互功能的载体。它一方面要能够揭示或暗示产品的控制原理、交互流程，或清晰地提示产品的交互方式、操作方法；另一方面应该具备交互的仪式性，即交互符号应当暗示产品的象征意义和文化内涵。

第二节　产品交互中用户认知机理与认知困境

一、用户认知机理

认知心理学是认知科学的一个重要分支，一般分为广义和狭义。广义认知心理学以人类心理的认识活动及其过程为主要研究对象，探讨个体认知的发生与发展；狭义认知心理学把人看作信息加工系统，以个体的心理结构与心理过程为研究对象，重点探讨人认知的信息加工过程，以揭示人认知过程中信息的获得、存储、加工、提取和运用等信息加工的内部心理机制，研究范围涉及感觉、知觉、记忆、思维、推理、注意等认知活动。1983 年，卡德、莫兰和内韦尔的《人机交互心理学》一书的出版，标志着认知心理学研究已正式应用于人机交互设计领域。

随着当代产品所承载的微电子技术、信息技术、网络技术等科技含量的增加，其结构和功能也相应地变得繁杂起来，黑箱化、非物质化特征渐趋明显。试想一下，当用户执行了某个操作，却无法预知接下来会发生什么事情，这样糟糕的状态还不如数十年前的"机械产品"来得更为简洁。美国交互设计大师艾伦·库伯将用户与高科技产品的互动误差称为"认知摩擦"，而这种误差主要表现为用户与产品之间双向交流的混乱。显然，"认知摩擦"的存在与现代技术的集中应用有关，但是更为重要的是传统的工业设计方法存在局限。库伯随后提出"解决由技术带来的认知摩擦最好的办法就是交互设计，它能让我们的生活更舒服，让机器更智能，让技术更人性化"。基于库伯的研究，在更广泛意义上的产品交互领域同样需要认知心理学理论的指导。

用户与产品交互过程中用户对交互界面的信息搜索、注意、记忆、学习、理解等认知活动是交互设计的核心环节。认知心理学主要研究人在感觉、知觉、思维、决策等信息加工中共性的心理过程，注意、工作记忆等认知资源的特征，以及心理图式、认知模型匹配等认知活动中共性的心理特征，我们统称为认知机理。这些认知机理同样适用于用户使用产品交互界面时的认知活动。认知机理和产品交互界面设计有着必然的联系，认知机理是影响用户感知、理解、学习和使用交互界面的内因，是开展产品交互界面设计的理论基础和依据。因此产品交互界面设计的研究离不开对认知机理的挖掘和梳理。

符号被认为是携带意义的感知。意义必须用符号才能表达，没有意义的表达和理解，不仅现实世界无法存在，人无法存在，人的思想也不可能存在。因此，认知科学与符号意义的表达和理解紧密相关。2007年国际学术刊物《认知符号学》正式出版，也标志着认知符号学作为符号学研究的一个分支已经从起步阶段逐渐走向成熟。图3-2将符号学方法和认知心理学理论统一于产品交互界面的认知框架，并表达了交互界面符号学设计方法的应用不仅与用户认知活动密切相关，也明确地说明了交互界面的可用性和用户体验受界面符号学设计以及用户认知活动的影响。

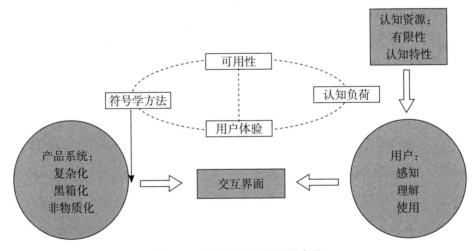

图3-2 产品交互界面的认知框架

产品交互界面中的认知活动，主要是指用户解读交互界面，将其转化为抽象的综合信息，然后将这种综合信息作为产品使用和操作的决策依据的过程。一方面，解读过程中感觉、知觉、思维等认知活动要消耗注意力和工作记忆等认知资源，产生认知负荷。另一方面，解读过程是用户对交互信息的加工和处理，交互信息设计与用户认知机理匹配的优劣以及认知负荷的高低将决定产品交互界面的可用性和用户体验。应用符号学方法，就是解决产品交互界面设计中的易识别、易理解、易记忆以及降低用户认知负荷等认知问题，提高用户与产品交流的通畅性和交互操作效率等可用性问题，以及提升用户与产品交互的感官、行为和情感上的体验问题。

二、用户认知困境

产品交互中的认知困境主要是由交互界面设计不合理造成的。复杂的智能化产品多采用软、硬件结合界面，且多结合先进的界面显控技术和灵活的人机交互技术来使用，一方面在设计上可以更多地满足用户的操控需求，另一方面也意味着交互界面上的信息量更大、信息结构更为复杂。产品交互界面设计，就是将系统抽象信息转化为用户易识别、易理解的交互符号系统，包括字符、文本、图形、色彩、材质、肌理、形态等符号元素，以及符号元素之间的信息层次结构关系。这既加大了产品交互界面的设计难度，也从客观上增加了用户认知的难度。用户在使用产品界面过程中，他的信息处理和行为决策能力与其认知水平、注意力、记忆力、压力等心理特性密切相关。不合理的交互界面设计，将会造成用户不理解符号意义，用户与产品之间通过界面的信息双向传达出现障碍，用户不理解交互方式、交互流程，认知负荷大等认知困境。在用户与产品的交互中，认知困境的具体表现主要有以下几种：

（一）注意力分散

在产品交互界面中，往往同时存在软件界面和硬件界面，常常是文本、图形、色彩、材质、肌理、声音等符号形式并存的状况，用户获取信息的来源众多。用户在对产品进行认知的过程中，需要将不同来源的信息整合起来，以获得完整的有效信息。若相同内容、不同形式的信息分散呈现时，用户会将这些信息视为两个或两个以上的来源，分别捕捉并短暂记忆后，再将其整合形成整体认知。这将形成用户认知负荷，进而造成注意力分散的认知困境。

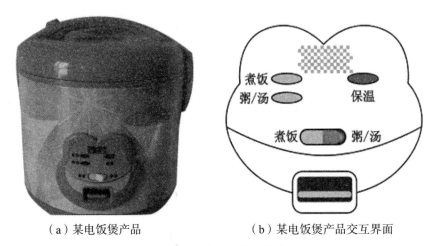

（a）某电饭煲产品　　　　　　　（b）某电饭煲产品交互界面

图3-3　注意力分散案例

如图 3-3 所示，在某电饭煲的界面设计中，将"煮饭""粥/汤"两种功能的符号分别以文字信息、光源信息、按钮形态信息三种不同的来源同时传达，但按钮信息和光源信息分处不同的区域，且排列方式也不相同，用户需要将他的注意力分散，分别对这两种不同来源的信息进行短暂记忆后，再花费额外精力对信息进行整合处理，以达到对产品功能的认知。因此，若设计师将相同内容的信息以整合的方式呈现，而不是靠用户去整合，则可以从技术上消除注意力分散的认知困境。

（二）认知重复

当产品界面中两类不同的信息源（如图形符号与文字符号）都能解释或说明信息内容时，若将两者放置在一起，用户往往会将其视为整体，并在二者之间建立对应关联。这种整合式的信息呈现方式，可以在某种程度上消除注意力分散，减轻用户认知负荷。但必须说明的是，这两种信息同时呈现时，需要有主辅之分。如图 3-4（a）所示，手机工具界面中图标下面辅以文字符号，两者传达相同内容的信息，以图标为主、文字为辅，当新手用户无法识别图标所表达的含义时，文字符号将有助于有效信息的获取，增强记忆，减少用户的认知负荷。但与此相反，如果两类信息源的呈现主辅不分，或者用户无法判断主辅时，用户会在关联信息的情况下对两类信息分别进行注意，产生重复的效果，从而加重认知负荷，造成认知困境。如图 3-4（b）所示，某品牌洗衣机界面中同时以中英文符号，甚至夹杂着图形符号呈现信息，位置对等、比重相同，用户无法确定主次，重复认知必然会给用户造成负担，影响信息传达的速度和有效性。

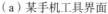

（a）某手机工具界面　　　　　　　　（b）某洗衣机操作界面

图3-4　认知重复案例

（三）信息反馈不完善

与认知重复的困境相反，在某些产品交互界面中，由于符号与信息对应关联的缺乏或符号设计的缺陷，产品信息反馈不完善，常常使用户陷入接收不到反馈信息或反馈信息无法识别的困境，进而影响用户对信息的判断和操作。如图3-5所示，为某品牌电脑机箱上的开机键和重启键，形状、材质、颜色几乎完全相同，甚至位置差异也很小，常常导致用户（特别是新手用户）在使用时需要特别关注特征不明显且差异小的图形符号标注，造成相当程度的认知负荷。

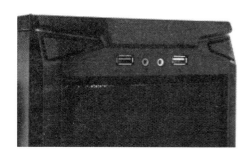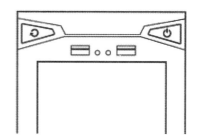

图3-5　信息反馈不完善案例

（四）交互过程烦琐

在功能相对复杂的产品交互中，由于硬件界面控制键过多、软件界面的层级过多等客观因素，若出现不当的设计，很容易使用户陷入交互过程烦琐的困境。这类情况的发生主要是因为没有考虑用户，不是以用户为中心规划交互流程，而是以产品为中心，简单地堆积功能。设计中，没有从人—产品交互系统的角度出发研究用户特征、用户需求，更没有分析交互情境和使用场景，从而造成交互过程烦琐。如图 3-6(a)所示为通用机顶盒遥控器，它设置了很多按键，按键之间既不考虑交互需要确定导航布局，也没有合理的功能分区，根本不重视用户使用产品时的语境，而侧重表现产品的功能列表，这会直接导致用户学习和认知的困难，交互过程烦琐，可用性差。如图 3-6(b) 所示，为某品牌数字电视遥控器，综合用户使用分析和用户认知特征，简化了交互流程，强化了功能分区，将不重要的功能进行整合，并通过与数字电视终端界面配合，优化交互层级和信息导航，整体上解决了交互认知困境。

图3-6 交互过程烦琐案例

（五）高认知负荷

认知负荷是影响用户操作绩效的重要原因。大脑对信息的加工处理能力是有限的，当外界信息量超出大脑的认知能力范围时，就会出现认知超载。类似于电脑在短时间内无法处理大量的任务会变慢甚至死机。因此，大脑需要处理的信息越多，其负荷也就越重。在现实生活中，人所面临的各种干扰和压力是不可避免的，这些外在因素已经占用了大脑的一部分处理能力。因此，在产品的交互设计过程中，需要科学地处理信息资源以减轻用户的认知负荷，让用户可以快捷地获取有效信息。图3-7为某客车的驾驶室交互界面，用户在集中注意力操作方向盘、挡位、油门、刹车的同时，必须关注仪表盘、数字显示终端、按钮、按键上的信息，用户认知压力大，不合理的信息交互方式和信息结构，以及杂乱的符号设计增加了用户识别信息的难度，消耗了用户大量的注意、记忆等认知资源，用户处于高认知负荷状态，这对用户面对危险紧急情况下的应急反应十分不利。降低用户在交互过程中的认知负荷水平主要有两种方法：一种是简化界面的交互流程，另一种是设计易于用户理解的界面信息。这两种方法在界面交互设计过程中通常会交替使用。

图3-7　高认知负荷案例

第三节　产品交互界面的可用性和用户体验

一、可用性的概念

产品交互界面的认知困境若得不到重视，将严重影响交互效率，影响界面的可用性，有损用户体验。当前一些产品交互界面设计存在用户不理解、用户认知负荷过载等情况，造成交互操作无从下手、交互效率低等可用性差的问题。正确认识和解决这一问题，有必要全面地理解可用性。

可用性是一个具有强烈交叉性质的概念，近年来一直受到情报学、传播学、计算机软件工程、设计学、人机交互等多个学科领域专家学者的关注。在设计领域中人机交互可用性的研究最早起源于"二战"时期，来源于人因工程，主要应用于设计人员研发新式武器的过程中，多属工程学的范畴。20世纪80年代，计算机逐渐走入寻常家庭，大量没有基础的普通用户在使用计算机的时候遭遇了严重困难，基于这种情况，可用性的概念出现了。第一次有记录的可用性研究出现在1981年，当时施乐公司下属的帕洛阿尔托研究中心的一个员工记录了该公司在 Xerox Star 工作站的开发过程中引入了可用性测试的经过。在目前国际标准委员会（ISO）发布的国际标准中，ISO 9126、ISO 9241 和 ISO 13407分别从不同角度阐述了对可用性的定义和理解。

（一）ISO 9126

在 ISO 9126——软件产品评价—质量特性及其使用指南中，阐述了在产品开发过程中衡量软件质量的六个方面（软件质量模型），依次为功能性、可靠性、可用性、有效性、维护性和移植性，如图3-8所示。同时，该标准将可用性定义为"在特定使用情景下，软件产品能够被用户理解、学习、使用，能够吸引用户的能力"。可用性主要由四个属性构成：理解性、可学习性、可操作性和吸引程度。此处的可用性是用来描述在特定的场合下，用户了解、熟知和喜爱使用该产品的程度。

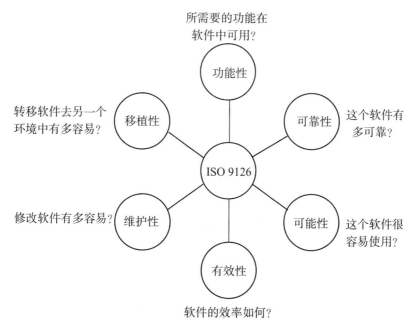

图3-8　ISO 9126质量模型

（二）ISO 9241

在 ISO 9241——关于办公室环境下交互式计算机系统的人类工效学国际标准中，从工效学的角度描述了各种硬件交互设备和软件交互界面的详细设计规定，这些规定大大促进了人机交互的发展。其中标准所描述的可用性进一步概括为：在一定环境下，用户使用产品完成任务的有效性、准确度和满意度，如图 3-9 所示。

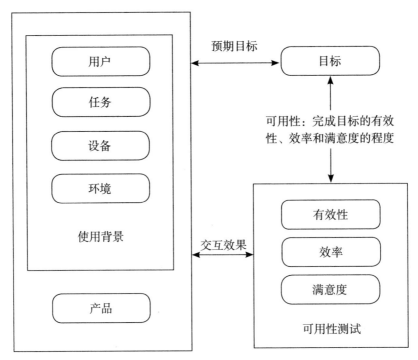

图3-9　ISO 9241可用性框架及各组件关系

对于可用性的评价，虽然标准 ISO 9241 并未明确指出其测量方式，但标准从用户任务完成的有效性、效率和满意度三个方面提出了可用性的评估属性，如图 3-10 所示。有效性：可以用户使用系统完成各种任务所达到的正确度和完整度来评估；效率：可以用户按照正确度和完整度完成任务所耗费的资源（包括智力、体力、时间、材料或经济资源）比率来评估，具体可包括时间效率、人工效率和经济效率；满意度：可以用户使用系统过程中主观感受到的舒适度和可接受度来评估。

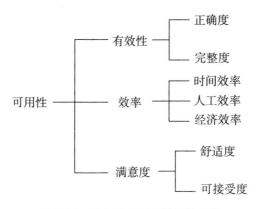

图3-10 ISO 9241可用性评估架构

（三）ISO 13407

在 ISO 13407——有关交互式系统的以人为中心的设计过程的国际标准中，描述了为提高系统可用性，在产品生命周期中进行以用户为中心的设计开发的总原则，如图 3-11 所示。该标准中的可用性以满足用户需求为目的，并要求设计要尽量改善用户的工作环境，将产品使用过程中对用户健康和工作绩效带来的不利影响降到最小，因此包含了一些人类工效学和人类因素学的相关知识。标准对产品开发的流程和方法并没有给出确切的规定，但该标准的意义在于将可用性引入产品交互。可用性被看作最基本的产品交互质量属性，是用来评判产品的实用性以及产品功能效用的重要标准。因此，从交互界面设计的视角来看，可用性可被定义为：当用户在规定情境中操作产品界面时，有效地达到指定目标的程度；同时，界面的可用性应与易用性和友好性联系起来。

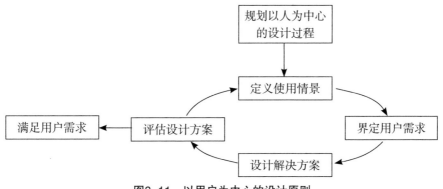

图3-11 以用户为中心的设计原则

二、可用性模型

（一）沙克尔模型

布瑞恩·沙克尔根据自己多年的工作经验于 1991 年提出了自己的可用性模型，得到了多领域的认同和应用改进。沙克尔认为得到用户的认可是产品交互的最终目的，用户对产品的接受度可从实用性、可用性、喜爱程度和成本四个方面来评定。实用性是产品对用户需求的满足程度，可用性是产品与用户通过交互实现其功能的能力，喜爱程度是产品引发用户的情感体验，成本是产品的经济性。在模型中，沙克尔又将可用性细分为有效性、可学习性、灵活性和态度四个方面，其中有效性可以用达到效能的速度和出错的频率来衡量，可学习性可以用学习完成的时间和保持记忆的时间来衡量。模型的具体框架如图3-12 所示。

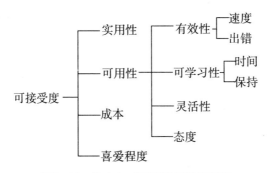

图3-12　沙克尔对可用性属性的描述

（二）尼尔森模型

人机交互博士雅各布·尼尔森自 1983 年开始关于可用性的研究，从字符界面到图形界面。与沙克尔的观点不同，尼尔森认为在用户对产品使用的过程中，工作目标的实现受两个因素的制约：一是实用性，产品是否提供了所需的功能；二是可用性，用户能否通过界面与产品系统进行高效的交互。所以，可用性属于多次细分后一个相对比较细小的指标，具体细分如图 3-13 所示。

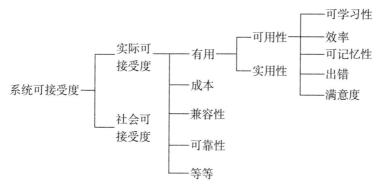

图3-13　尼尔森对可用性属性的描述

尼尔森认为，可用性不仅可用于评估人与产品系统交互的所有方面，还可以扩展到安装和维护的过程，他提出的可用性模型得到了多数设计师和从业者的认可。在模型中，尼尔森将用户分为新用户、偶然用户、熟练用户三种，将可用性分为可学习性、效率、可记忆性、出错和满意度五个维度。新用户是指初次或新近使用产品的用户；偶然用户是指新用户初次学会使用产品后，长时间不用或使用频率不高的用户；熟练用户是持续使用产品一段时间，对产品可熟练操作的用户。

可学习性是指新用户能否花费较少的时间和精力，达到对产品用户界面的合理操作水平。可学习性一般分为两种情况：一种是产品界面简单易学，新用户可在短时间内自由操作产品系统，但随着时间的推移，使用效率无明显提高；另一种是产品界面专业性强，相对复杂，新用户需要经过一定时间的培训才能自如操作产品系统，但随着时间的推移，用户对产品界面的使用效率会逐步提高，具体差异如图 3-14 所示。

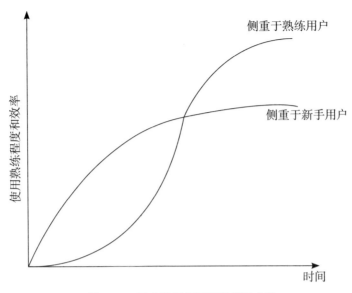

图3-14 用户使用新界面的学习曲线

效率是指用户对产品的操作达到稳定水平后完成指定功能任务的速度，通常用操作速度和单位时间内完成任务的数量来衡量。需要说明的是，出错率也是考核效率的重要指标。

可记忆性是指偶然用户间隔一段时间没有使用产品，再次使用产品时，能够记忆产品如何操作使用的程度。与新用户不同，偶然用户已经具备对产品的操作能力，再次使用产品时，凭借的是对产品交互的回忆。因此，产品交互界面的设计要尽量能提示或引起用户对操作的回忆。

出错是指用户在使用产品完成功能任务的过程中，所产生错误的数量。在模型中，尼尔森还特别区分了出错破坏的程度。当然，即便是熟练用户，在实际使用产品的过程中完全不出错也是不可能的，所以在产品交互特别是用户界面交互设计中，设计者要尽量考虑到用户可能出错的情况，尽可能降低产品使用过程中的出错概率。同时，设计者要保证一旦发生错误操作，用户能独立发现错误并做出正确的修复操作，避免错误的连续产生。对于会严重影响用户工作的灾难性错误，且这些错误用户难以自己修复的，在产品系统交互过程中要将其可能性降到最低。

满意度是指用户在使用产品的过程中获得好的交互体验，是一种需求被满足后轻松愉悦的心理状态。用数字来衡量这种心理状态的满足程度就是满意度。

用户对产品的满意度既可以通过访谈或调查问卷获得其主观想法来衡量，也可以通过统计分析用户实际操作产品过程中的出错率、可记忆率和使用效率来衡量。

（三）其他可用性模型

加拿大学者 Alain Abran 对可用性国际标准模型进行了改进，在加入可记忆性和满意度两个因素的基础上，提出了每个维度的具体评估方法。芬兰学者 Ahmed Seffah 在 Abran 研究的基础上构建了可用性指标评价体系，它包含了因素、准则、指标和数据 4 个层面，并包含 10 个可用性维度和 26 个可用性评估模型。

三、用户体验目标

随着交互式系统中"以用户为中心"的设计理念不断被重视，用户体验也因此得到越来越多的关注。与可用性相比，它更加强调用户整体的主观感受和情感需求，它是建立在可用性的基础之上的，是可用性的扩充。可用性设计是功能性的，是为保障界面信息加工和传递的绩效而进行的；而体验设计是精神性的，是在界面信息设计中在对用户情感活动特征研究的基础上对用户操作心理感受和文化意象的关注。

珍妮弗·普里斯等在著作《交互设计——超越人机交互》中对交互设计的可用性目标和用户体验目标做了明确的界定。评价可用性目标以客观指标为主，如安全性指标、易用性指标、可靠性指标、操作和反馈效率等。用户体验目标的评价重视用户的参与，更由于因人而异显得相对主观，指标有界面美感、趣味性、启发性、成就感等。

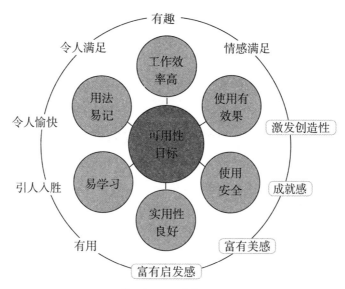

图3-15　可用性目标和用户体验目标的总体框架

图 3-15 描绘了二者的关系，内圈为可用性目标，外圈表示用户体验性目标。可用性目标是数字界面设计的根本和核心，体验性目标是数字界面的表现层，它让数字界面在易用、高效的基础上给予用户精神关怀，让人愉悦，是人机交互中不可缺少的部分。在具体的数字界面设计中，可用性和体验性并不是孤立存在的，两者互为补充且相互制约。良好的可用性可以让用户产生好的情绪体验，良好的体验设计也会对用户知觉产生积极影响；同时，可用性目标和用户体验性目标之间也存在着权衡问题，有趣的界面设计可能会分散用户的注意，一致性高的界面很难让用户感到引人入胜。因此，数字界面设计要根据具体用户和任务特点对两者进行选择和组合。

四、用户体验模型

用户体验模型主要解决用户体验的来源途径问题。目前主要彼得·莫维尔提出的用户体验蜂巢模型和惠特尼·奎瑟贝利提出的"5Es"模型。图 3-16 的用户体验蜂巢模型很好地描述了用户体验的组成要素，将用户体验量化。从该模型可以看出，用户体验的要素除了可用性之外，还包括其他指标。

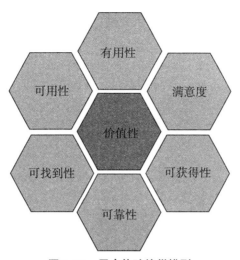

图3-16 用户体验蜂巢模型

① 有用性：设计的产品应当是有用的。

② 可找到性：产品应当提供良好的导航和定位元素，使用户能够很快地找到所需的信息，并且知道自己的位置。

③ 可获得性：产品所包含的信息应当能为所有用户所获得。

④ 满意度：产品的元素应当满足用户的各种情感体验。

⑤ 可靠性：产品应该能够让用户信赖，尽量设计和提供用户充分信赖的组件。

⑥ 价值性：产品能够为企业盈利，或者能够实现预期目标。

用户体验的"5Es"模型如图 3-17 所示，其 5 项指标分别为以下几种。

① 有效性：产品可以准确地帮助用户实现既定目标。

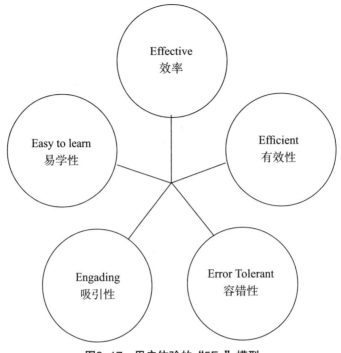

图3-17 用户体验的"5Es"模型

② 效率：产品完成用户目标的效率。

③ 吸引性：指产品使用中所带来的愉悦、满意或者兴趣程度等。

④ 容错性：包含产品防止错误的程度和帮助用户从错误中恢复的能力。

⑤ 易学性：产品使用是否容易学习，使用户能在短时间内学会并完成任务。

五、用户体验流程

用户体验流程即用户在与界面交互中体验产生的过程。诺曼认为用户体验是一种与交互相关的集合，它由关于认知的体验和关于情感的体验两部分组成，如图 3-18 所示。

依据诺曼的理论，我们可以把用户体验的产生流程归纳为如图 3-19 所示。元素处于整个用户体验的最初期，是用户对界面目标信息的识别和理解。元素包括界面表现元素和操作行为元素，界面表现元素是界面信息的物化表现，包括声音、光线、色彩、形态、材质及运动状态等；操作行为要素是用户对界面交互方式的初级判断，包括单击、双击、触摸、按等。当用户获取完成任务所需的目标信息和操作方式后，开始操作时，用户进入行为交互。在这一阶段，用户通过若干个最小的行为单元完成与界面的交互操作，从而形成体验行为。从单个信息的体验过程来说，元素、行为交互、体验行为三个环节是按次序进行的，但由于系统的复杂性，在具体的人机交互过程中，这三个环节是相互关联和互相影响的，甚至对于不同的界面、不同的任务、不同的用户来说，各个环节中的要素划分也不尽相同。可正是由于这种复杂交错，若干个相近或相似的体验行为最终形成了具有差异性的用户体验。

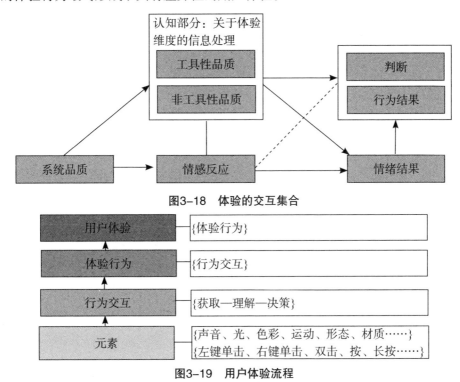

图3-18 体验的交互集合

图3-19 用户体验流程

第四节 产品交互中的认知负荷

一、认知负荷

现在很多信息产品，其界面人机交互的任务属性主要是"信息获取—理解—决策"，是用户全面掌控产品操作方式和产品系统运行状态的脑力活动，所以他们的工作负荷主要表现为认知容量或认知资源负载状态的认知负荷。技术的发展，使产品交互界面中用户使用行为产生的生理负荷已不再是突出问题，而相应的交互行为中信息加工和认知摩擦等带来的认知负荷问题，已成为影响用户交互效率、用户体验的关键因素。因此有必要厘清认知负荷的基本概念。

工作负荷是评价产品交互系统的一项重要指标。在产品交互界面的设计中，用户的工作负荷主要是指对界面信息的获取、理解和决策等不需要体力付出的负荷，也被称为脑力负荷。

脑力负荷产生于脑力劳动。所谓脑力劳动就是指大脑这个信息加工系统对外界环境输入的信息和来自内部记忆的信息进行一系列加工的劳动形式。在一定时间内，大脑的信息加工任务越重，脑力劳动的强度就越大，脑力负荷就相应增大。但在用户与产品交互的过程中，脑力负荷不仅与脑内信息加工任务有关，也与用户自身的能力、动机、操作策略、情绪和状态有关。一般认为脑力负荷包括信息加工负荷和主观情绪负荷两个方面。信息加工负荷是直接的认知负荷，主观情绪负荷则与疲劳一样，是由认知操作间接引起的，因此，产品交互过程中产生的脑力负荷统称为认知负荷。

二、产品交互中认知负荷的形成

将认知负荷作为一种理论并在此基础上进行实验研究的是澳大利亚新南威尔士大学的认知心理学家约翰·斯威勒，他指出了认知负荷形成的理论基础包括注意资源有限性、工作记忆容量有限性和图式理论。

（一）注意资源有限性

丹尼尔·卡内曼在 1973 年出版的《注意与努力》中提出中枢能量理论。他认为，人类的认知资源是有限的，如果需要同时进行多个认知活动，认知资源就会遵循此多彼少的原则，在这些并行的任务之间进行分配。如果这些活动所需要的资源总量超过了人所具有的认知资源总量，就会造成认知负荷过载。但认知资源的总量并不是一成不变的，它和认识主体的唤醒程度紧密相连，在单位时间内，唤醒水平将决定注意的认知资源量。

从图 3-20 能量分配模型中可以看出，第一，认知资源量（能量）可因情绪、刺激强度等因素的作用而发生变化。第二，在资源分配中，输入刺激不具有主动性，资源量的分配按刺激的重要程度由认知系统中的一个专门机制负责。第三，资源分配方案中认识主体具有主动性，唤醒水平、主体意愿、心理倾向、主体意愿、对完成信息加工任务所需能量的评估等，都会影响认识主体对客体刺激的选择。其中，唤醒水平决定认知资源总量；主体意愿体现任务要求和目的；心理倾向影响注意对象选择；对完成信息加工任务所需能量的评估，不仅影响可能得到能量的多少，对具体分配方案也有极大影响。因此，从理论上来说，只要不超过主体的认知资源总量，认识主体就可以同时接收、处理两个甚至多个刺激输入，并进行相应的多种认知活动。反之，一旦认知活动所需认知资源量超过主体认知资源总量，造成认知负荷过载，这些认知活动就会相互干扰，或某些输入刺激将不被注意。

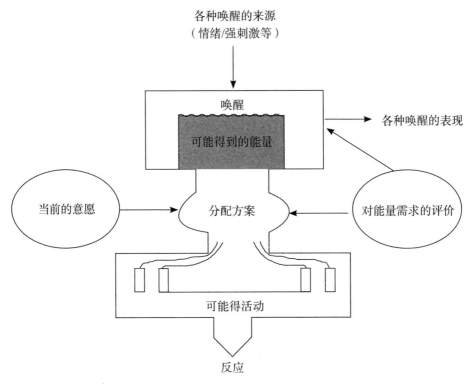

图3-20　卡内曼能量分配模型

（二）工作记忆容量有限性

图3-21是人的记忆结构模型。感觉登记首先通过视觉、听觉等感觉通道接收来自环境中的信息，信息在感觉登记中保持的时间很短，其中一部分得到注意并被工作记忆进一步加工。部分经工作记忆处理的信息被转移到长时记忆中，但是通常工作记忆中所加工的信息在进入长时记忆之前就已经与长时记忆建立了联系，因此它们之间存在信息的双向流动。记忆结构模型对记忆所涉及的模块、过程和结构给出了一个系统性的解释，三种记忆模块存在质的不同，主要表现在保持时间、贮存容量和遗忘机制三个方面。

记忆结构模型中，工作记忆充当了感觉登记和长时记忆的中间转换器。工作记忆的主要作用是信息加工，它支配着整个信息加工系统中的信息流，对认知活动的顺利开展至关重要。工作记忆的信息来源主要包括两个方面：一是从感觉登记传达过来的刺激信息，二是从长时记忆数据库中提取的经验、知识和技能。米勒的工作记忆贮存容量定量研究主要是通过数字广度测试和自由回忆中的近因效应来进行评估的，数字广度测试要求被试以正确顺序重复刚刚呈现过的一组随机数。不论是数字、字母还是单词，米勒发现工作记忆的广度都是7±2个。米勒认为工作记忆容量大约为7个组块，这里的组块是指整合的信息单元或信息片段。例如，"IBM"对于那些熟悉"国际商用机器公司"名称的人来说是一个组块，但对其他人就是3个组块。因此，呈现的信息若是有意义、有联系的并为人所熟悉的信息块，那么工作记忆广度就可增加，所以，把相关信息组合在一起进行工作记忆是信息设计的有效策略，但很明显，以组块为单位的广度值会随组块自身大小的增加而减小。

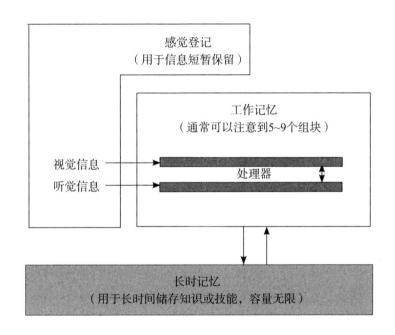

图3-21 记忆结构模型

工作记忆在人信息加工系统模型和记忆结构模型中都处于重要的地位，它决定了人的信息加工能力和认知局限。容量有限性是工作记忆的关键特征，如果信息是无关联的文字、数字等物理片段，数量一旦超过工作记忆广度，工作记忆就会发生错误，并且工作记忆贮存能力很脆弱，任何干扰都可能导致遗忘发生。

（三）图式理论

在心理学中，图式指的是个体对过去反应或经验的积极组织。图式的概念最早由心理学家巴特利特提出，他在研究中发现每个被试都有属于自己的图式，当新的刺激出现时，被试倾向于用自己的图式去加工处理信息，并在以后的资源提取中由这一图式引导资源对原文进行重建。心理学家皮亚杰也通过实验证明，图式在思维和发明创造中起着至关重要的作用，进而推断出人类从婴儿时期开始，就通过认知积累逐渐形成和发展了自己的知识经验结构图式。随着近年来人类在人工智能领域研究的不断深入，人们逐渐发现专家与新手解决问题时的认知结构存在明显差异，因此，图式逐渐被定义为知识的表征结构。

知识主要包括"人"心智表征的事实、观念和概念等，它们的共同点是均由一些基本认知单元组成，这些基本认知单元被称为组块。图式就是在长时记忆中组块有组织地组成知识时使用的具有内在联系的记忆结构，图式形成的过程就是认识主体从类似刺激的多次反应经验中抽取组块并构建记忆结构的过程。从学习的角度来说，图式所描述的知识是由各部分按照一定规律组织起来的有机整体，部分可以描述为子图式，图式之间取得联系也可以组成新图式，如此不断联结就形成了陈述性知识网络，陈述性知识网络是知识在记忆中的存在模式。那么，知识的学习可以表征为给这一网络增加了某一新的图式或组块，或给各信息组块间增加了新的联结，或改变了联结的性质或强度。

因此，长时记忆容量虽然无限，但其贮存并不是对信息的被动接收与保存，而是对信息的积极建构，形成图式。这种图式的构建基于信息在概念上具备一定层次的逻辑关系，这种长时记忆中概念的层次化组织结构有利于提高记忆的效果。但层次化的逻辑关系并非时时存在，当体系的层次不够明显时，知识会仅根据某种逻辑关系被存储在结构不大清晰的网络中，即语义网络，它包含了表征各种概念的节点和彼此相联系的连线。因此，长时记忆中，图式是一种心理网络结构，它表示的不仅是许多具体事物，更重要的是各种知识要素的相互联系和相互作用。由于每个人的知识经验不同，所具有的图式也不同。

图式有利于降低认知负荷的机制来源于以下几个方面：第一，工作记忆的容量是有限的，而长时记忆的容量几乎是无限的。第二，为了获取新知识，外界刺激信息在工作记忆中加工处理时，必须从长时记忆中提取相关的图式到工作记忆中进行操作，然后再以图式的形式存储到长时记忆中。第三，工作记忆在信息加工中面对的对象是组块，图式一旦形成，无论它包含多少子图式或元素，都会被当作一个组块来看待。因此，工作记忆尽管加工组块的数量有限，但在处理的信息量上没有明显限制。第四，积累大量认知经验构建的图式被认为是自动化控制单元，在信息加工过程中无须提取信息资源，无须意识控制，工作速度快。因此，图式的加工不会消耗认知资源，储存也仅需极小空间。

用户与产品界面的交互过程如图 3-22 所示：由图可见，交互过程的每一个阶段都需要用户分配认知资源，如果用户在交互过程中接收到的加工信息数量大于认知资源总量，那么产品就会对用户的认知系统造成压力，即形成认知负荷过载。

图3-22　用户与产品界面的交互过程

三、产品交互中认知负荷的分类

在信息加工过程中，由于工作记忆容量有限，人们很难同时加工大量复杂信息，容易加重认知负荷。信息材料本身的复杂性、信息材料的呈现方式对认知负荷的生成影响很大。一般从来源渠道的不同将认知负荷分成三类，即外在认知负荷（ECL）、内在认知负荷（ICL）和关联认知负荷（GCL），具体如图3-23 所示。内在认知负荷与信息量和信息的复杂性有关，在信息要素高度交互以及个体还没掌握合适图式时，会产生内在认知负荷。外在认知负荷也称为无效认知负荷，主要是由信息呈现方式和个体需要的信息加工活动所引起的。关联认知负荷是由信息加工过程中图式的主动构建引发的，也被称为有效认知负荷。有效认知负荷是指当个体在完成目标任务过程中存在剩余认知资源时，个体会主动将认知资源用到下一步更高级的认知加工中去，提高任务的完成程度。因此，个体这种积极进行高级认知加工（如重组、抽象、比较和推理等）、主动进行图式构建的活动虽然会增加认知负荷，却可以大大促进信息的处理。

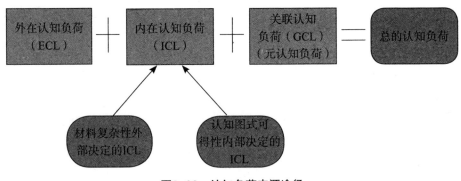

图3-23　认知负荷来源途径

四、认知负荷控制

　　内在认知负荷和外在认知负荷是可以相互叠加的，如图 3-24 所示。如果内在认知负荷很低，即便由于刺激信息的不恰当呈现、个体加工信息方式不合理等原因增加信息加工的复杂度，造成外在认知负荷过大，由于内、外在负荷叠加的总负荷没有超过工作记忆的容量，也不会造成认知负荷过载。然而，当面对信息量大或比较复杂的认知任务时，内在认知负荷本身就很大，内、外在负荷叠加后将会超出认知资源总量，造成认知负荷过载［见图 3-24（a）］。因此必须优化信息材料的呈现方式，减少个体对信息认知没有贡献的心理活动，通过信息合理设计增加认知中图式的应用，才能尽可能降低外在认知负荷，减少工作记忆认知资源的占有量，防止认知负荷过载［见图 3-24（b）］。在通过信息设计有效降低外在认知负荷的同时，我们可以将更多的认知资源分配给内在认知负荷，用于吸收新知识、构建新图式，也就是在信息加工过程中产生了与学习活动密切相关的关联认知负荷［见图 3-24（c）］，这是在合理控制认知负荷总量的前提下增加有效认知负荷，有利于整体信息的加工和处理。

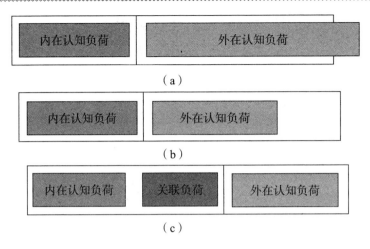

图3-24　内在认知负荷和外在认知负荷叠加示意

因此，基于内在认知负荷和外在认知负荷的叠加原理，我们应通过信息组织和信息呈现的合理设计，最大限度地降低外在认知负荷，尽可能地增加关联认知负荷，使认知负荷总和保持在工作记忆容量和注意资源许可的范围内，实现合理地利用有限的认知资源，避免认知负荷过载。

具体到产品交互界面，外在认知负荷与交互界面元素的组织和呈现方式有关。当产品界面传递给用户的刺激信息与用户图式获得没有关联，或者对产品认知过程没有贡献时，外在认知负荷就产生了。因此，不合理的界面设计会增加用户认知负荷，并阻碍认知进程。内在认知负荷与产品交互界面的复杂程度和用户的经验相关。在产品的交互过程中，用户内在认知负荷的高低是由界面刺激信息的数量和刺激信息特征与用户图式的匹配度决定的。如果交互界面复杂且用户对该类产品的交互过程缺乏经验，那么要理解产品的交互界面就必须同时注意多个不同组块，工作记忆负担加重，进而产生较高的内在认知负荷。反之，内在认知负荷会大幅减少。因此，在界面无法简化的设备类产品的工作过程中，用户需在上岗前经过一定的培训，累积相关的经验和技能；而日用产品的设计，则需尽可能简化界面，减少刺激信息数量，方便新手用户快速学习和积累经验。相关认知负荷是指用户在完成某一交互任务时仍有多余的认知资源，用户会将其用到更进一步、更高级的认知加工中，如重组、比较、推理等。这样的交互过程会增加用户的认知负荷，但这种认知负荷非但不会阻碍用户对产品的认知，反而可以加深用户对产品的理解，促进用户的交互信息处理。

第四章 产品交互符号系统

第一节 产品交互符号系统概述

一、产品符号

在现代设计中，设计师以产品为媒介向消费者表现和传达功能、使用方式、情感、美学观和社会文化属性等。设计师创造和表现产品，并通过产品的造型、色彩、材质、肌理等各种消费者能够感知到的设计要素和结构形式，在特定的语境中向消费者传递着他们所能接收和理解的意义信息，实现产品的内涵意义和功能价值。在这一表现和传达过程中，消费者无法与产品设计师进行直接互动；因此，消费者对设计的理解主要基于他们在特定语境下与产品之间的互动。这样，产品作为设计师和用户之间交流的桥梁，就可以被理解为一种符号，即产品符号。如图4-1所示，产品符号具有表现和传达意义，实现消费者与设计师之间信息沟通的功能，并在引导用户使用的过程中实现价值。正如诺曼教授所说，优秀的产品设计是设计师和用户之间的友好交流，只是这种交流要靠产品符号来实现。

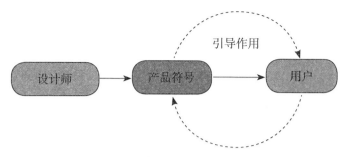

图4-1 产品符号的交流属性

二、产品交互符号

信息化背景下，产品蕴含的信息量大、功能集成度高、技术含量高、黑箱化和非物质化特征明显，与传统产品相比较，更多的复杂交互行为将替代简单的使用行为，传统的引导用户使用的产品符号，也就转变为人机对话的产品交互符号。产品交互符号为人—产品信息沟通及其交互设计阐释提供了更为良好的途径。如图 4-2 所示，因为产品交互符号具有很强的人机交互属性，它必然与设计师和用户之间形成良好的互动关系，这种互动关系是在特定的交互语境下，由设计师编码和用户解码共同完成的，从而实现交互信息的传达。人机交互信息的高效传达是产品交互符号的价值核心。

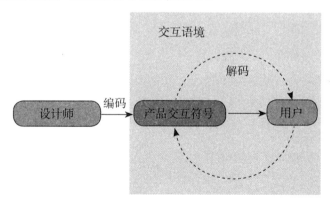

图4-2 设计师—产品交互符号—用户之间的互动

三、产品交互符号系统

若干有某种关联的产品交互符号实体为实现特定的产品功能（集），通过合理的结构形式和组织关系形成产品交互符号系统。从微观层面来看，产品交互符号是按照目标用户的特征，由各种形态、结构、材质、色彩等以一定的符合生产技术逻辑的结构和形式组合，以及某种合理的认知操作过程组织起来，具有相应的功能指示和人机对话作用，这种由产品交互符号实体本身构成的独立的系统，一般称为内部系统。从宏观层面来看，从交互语境的角度来说，任何产品交互符号都是作为人类文化信息传承的载体，不是目的而是实现目的的手段。交互信息传达才是产品交互符号的"目的"，但产品交互符号必须在一定的时空环境下，在特定的"人—活动—环境—技术"现实生活系统中，借助各种技术载体，通过与用户的交互才能实现产品功能价值，满足用户需求。用户与产品交互符号之间的交互效果会受环境、自身背景、技术条件等多种外部因素的影响，因此，产品交互符号又与用户、外部环境、技术等一起通过某种结构关系形成了动态的外部系统。产品交互符号系统是内部子系统与外部子系统的统一体，内部子系统确立了产品交互符号系统的功能前提，外部子系统实现了产品交互符号系统的意义和价值。

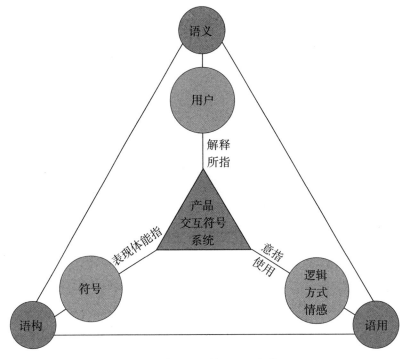

图4-3　产品交互符号三要素关系

结合皮尔斯符号构成要素的"三角"关系，以及莫里斯符号学"三分野"框架来分析产品交互符号系统，那么产品交互符号系统包含"产品交互符号表现体""交互逻辑、方式、情感""用户"三个关联要素，三要素间相互联系构成了产品交互符号系统，如图 4-3 所示，符号表现体的"能指"、用户解释的"所指"、交互语境的"意指"共同实现了符号的意义，符号表现体自身的语构关系、用户解释的语义关系，以及交互语境的语用关系共同组成了产品交互符号系统的研究范式。

第二节　产品交互符号的类别

一、类别构成

交互功能是产品交互符号在与用户的互动过程中表现出来的价值，即用户对产品交互符号的反馈及其效果。从过程来看，用户与产品的互动，首先是在具体的环境下感知产品的功能用途，如乘客在候车厅卫生间观察感知到某个产品的功能是烘干机，即识别产品。其次是认知其使用方式，一般是理解产品上的图形、文字、造型、材质等符号，甚至是清晰易懂的产品使用流程图；在认知了解产品交互方式的基础上，用户开始尝试操作使用。最后是从整个过程中体验到产品的价值、品牌文化等综合性感受。因此，可以将用户与产品交互符号的互动过程划分为四个阶段，即感知过程、认知过程、行为操作过程和文化汲取过程。合理的产品交互符号应该为用户提供可识别、可理解的感知、认知反应，简便、舒适和高效的操作反应，具有吸引力的、令人感兴趣和满意的文化价值提升情感反应。其中识别产品的感知与操作流程的认知属于符号外延功能，控制逻辑与用户体验属于符号内涵功能。由此，依据用户与符号的交互过程，产品交互符号可分为四种类型，即感知符号、认知符号、行为符号、文化符号，具体对应关系如图 4-4 所示。

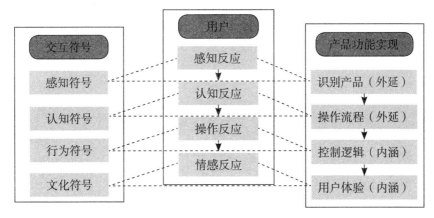

图4-4　产品交互符号类型对应关系

二、感知符号

感知符号是感知过程中神经激活状态的记录，是对感知经验的图式性表征，是多模态的，并具有生成能力。从某种程度上看，感知符号与其产生时的感知状态处于同一系统，具有相同的、对应的结构。人的感知依赖于感官，感官是泛指能接收外界刺激的特定器官与分布在部分身体上的感觉神经，是获取外界信息的"信道"，人感受外界事物刺激的器官有眼、耳、鼻、舌、身等，人对外界的一切感官刺激也就来源于视觉、听觉、触觉等多方位通道。

符号本身就是某种概念或意义的载体。就符号而言，当其进入感官时，我们的大脑会对符号本身的特征进行提取、识别，接下来大脑将会自动提取长时记忆中的经验和知识，并将与其相关或近似的某实物的外观形态、结构特征、意义象征等属性相对应，从而形成一个有效的整体感知反应。以人接收外界信息的感觉器官通道为依据，感知符号一般分为视觉符号、触觉符号、听觉符号等。对于一个未知的事物，人们在探索它究竟是什么的过程中，往往习惯于先看一看它是什么形态、什么颜色，有何需要特别注意的地方；其次在确定无其他危险因素的情况下，用户会接近事物，伸手触碰，感受它的触觉，或者敲一敲是否会发出响声，亦可凑近闻一闻其气味如何，这一系列操作源于用户的感知习惯。因此，在产品设计中设计师往往通过刺激接收者的感官，并使接收者动用自己的感官经验和习惯来接收产品形态、色彩、材质等多方面的信息，进而使用户识别产品。

用户对感知符号的识别具有整体性特征。如用户对点、线、面、体等最基本造型语言材料的感知结果是形态的方圆、曲直、高矮、长短等，并结合产品色彩属性（包括色相、明度、纯度等）、材质属性（包括材料光泽度、透明度、表面肌理、质地等），以及触觉符号和听觉符号等，通过整体性加工，从而获取产品的完整信息。

三、认知符号

认知心理学认为认知是一种信息加工过程，是感官对外界信息进行提取后，通过一系列的加工，最后在大脑中得以解释的过程。认知符号是感知符号进入更高层级信息加工阶段的符号表现形式。感知符号是认知符号的基础，与产品有关的外部刺激作用于用户神经系统后，产生直接反应，这是感觉器官对产品的初步体验；知觉是一种更高级的认知活动，它接收感觉信息，并将感觉信息组织成有意义的对象，形成对产品的整体识别，知觉的形成不仅需要从感觉中获取外部信息，也要和记忆中的知识、所处的文化环境、内在的期待，甚至自我的认知相结合。

通过感知识别产品不是目的，而是要进一步融合工作记忆、长时记忆、注意等认知资源，将产品交互符号作为信息要素进行加工处理，进而理解产品的使用方式和交互流程。在用户—产品实际互动过程中，用户通过感知器官接收产品交互符号所传达出的信息，包括文字、图形、造型、色彩等形式的内容，将形成的身体刺激信息传送至大脑，大脑对各方面信息收集，利用用户所拥有的经验、习惯、知识库对其进行处理加工，并将合理的解释反馈给用户，形成用户对产品交互符号的认知。例如，对于豆浆机而言，用户首先通过视觉感知理解豆浆机产品本身的功能分区，包括提手、机头、把手、杯体、底座等；其次，用户利用自己的知识、经验识别豆浆机操作面板上的图形、文字，理解开 / 关操作、功能选择操作、定时、水位控制等；最后，通过感性思维和理性思维的结合，运用合理的信息加工方式，用户可以进一步理解产品结构、机头元件（电热器、精磨器）功能及相关操作方式，进而整合理解产品的使用方式和交互方式。

四、操作符号

用户在产品交互过程中，通过对产品交互符号的感知、认知过程，对符号的能指与所指具有一定的理解和记忆，从而明确产品的使用、操作方式，这一系列的理解、认知及控制的流程均由用户来完成。用户是主体交互对象，产品交互符号是交互的物质载体，控制逻辑是交互行为得以实现的基础，语境则影响着交互行为的始终。所以可以理解为：产品符号交互行为是在特定的交互语境中，依赖于一定的控制逻辑，人与产品交互符号之间的行为和感知反馈过程。这里的行为和感知反馈依赖于用户操作，因此可将操作符号理解为：在产品交互符号系统中，能够起到指示人们发出相应操作行为的符号。按照符号的表现形式来分，主要分为造型结构指示符号、图形指示符号、文本指示符号。

造型结构指示符号是利用产品整体或部分造型及其结构来指示人们完成交互操作的符号，如对于有一定生活经验的用户人群而言，门把手是一扇门具有的基本结构，因此尽管门把手的形态、结构各不相同，但用户能够清晰识别门把手的位置；对于不同造型的门把手，用户能够依据行为习惯及把手的造型结构，了解把手的操作方式。一般情况下，对于圆球形的把手，用户多采用顺时针扭转操作，对于流线长条形把手，用户一般习惯顺时针旋转操作。

图形指示符号是指以构成图形的点、线、面特征要素指示操作控制方式的符号，如红绿灯通过箭头指示司机直行、左转弯或右转弯，位于机动车行车道十字路口的回旋符号指示司机前方路口可以掉头。

文本指示符号是指通过文字传达信息，经用户理解认知后进行正确操作的符号。例如，空调遥控器面板按键表面标识"开 / 关"字符，表明了它能控制空调的启停操作。

五、文化符号

文化符号，指的是在产品交互过程中，体现用户所在群体及社会的象征价值的符号。文化是一种社会现象，是人们长期创造形成的产物，同时又是一种历史现象，是社会历史的积淀物。在现代产品设计中，除了完成其基本功能和交互设计，还要注重产品符号传播产生的文化、社会、心理等各方面的象征意义。每一个产品都有着自身独特的设计符号语言，它们向人们传达着各种文化信息，用户与产品符号的交互过程同样也是一种文化传播的过程。

文化是一个民族生活的种种方面，总体上可以概括为三个方面：精神生活方面，如宗教、哲学、艺术等；社会生活方面，如社会组织、伦理习惯、政治制度、经济关系等；物质生活方面，如饮食起居等。它表现为地域文化、自然文化、节日文化、饮食文化、服饰文化等不同的文化形式，并呈现出器物文化、行为文化、观念文化等不同的文化形态。文化的内涵及意义丰富而深远，由此决定了产品交互文化符号的多样性。美国文化人类学家克罗伯和克拉克洪认为：文化由外显的和内隐的行为模式构成，这种行为模式通过象征符号而传递；文化代表了人类群体的显著成就，包括它们在人造器物中的体现；文化的核心部分是传统观念，尤其是它们所具有的价值；文化体系一方面可以看作活动的产物，另一方面则是进一步活动的决定因素。因此，产品交互文化符号应契合用户群体的行为方式、价值取向和审美追求，使用户在与产品的交互过程中找到文化认同感和归属感。

第三节　产品交互符号的形式

郝伯特·A.西蒙在他的著作《关于人为事物的科学》中重点阐释了"符号系统是人为事物家族的重要成员之一，而另一个重要成员就是人脑和思维"的观点。作为人为事物的产品，交互符号是符号系统的重要构成，是在特定的语境下用户与产品互动的载体，是由多种要素按照一定的结构方式结合起来具有一定指示和象征功能的交互媒介系统，这些要素的外在表现形式主要包括造型（点、线、面关系等）、色彩、材质、图形、字符、结构、声音等，如图4-5所示，它们所构成的整体即产品交互符号的表现体。

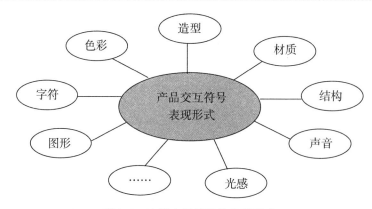

图4-5 产品交互符号的表现形式

一、图形

图形有狭义和广义之分。从狭义上看，图形可以解释为通过绘画、书写、篆刻、印刷等手段制成的包含点、线、面和色彩的图像记号。而广义上的图形，指的是图而成形，即人为创造的一切图像。产品交互符号中的图形是产品设计中所有图的类型和样式的总称，包括图画、图案、图像、字体等。它是人机交互中一种客观存在的视觉形象，具有样式、色彩、大小等属性；图形又是一种具有信息内容的符号，它是信息的承载体，传达着特定的信息和概念，是人机交流和沟通的重要媒介。

在艺术造型和设计美学的范畴中，具象通常是指客观存在的形态，它具有自然形态的特征，这种具象形态具有现实性和直观性。因此，具象图形是指形象与自然对象基本相似或极为相似的图形，它是以客观世界为表现对象，从具象的自然形态中提炼和创造而来的，对于选取物象的表现方式讲求真实性和还原性。同时，具象图形的设计不能受纯自然形态的束缚，要以概括的方式来提取形态特征，要在强识别性与其自身的形式美上取得统一。

抽象图形外在表现为几何形、非具象的图形样式，具象图形是写实性的，而抽象图形是用概括和简化的手法来把握事物的本质。因此，抽象图形不是简单地对具象图形的简化，它是一种思维模式，是借助于简单化的形状，为现实世界各类客观实在找到适合于这类事物替代物的过程。抽象图形一般也都代表着其现实替代物的特征及其给人的心理反应，如直线、斜线等既有方向性又有力度的线形构成的抽象图形，具有庄重、挺拔、硬朗、有力等形式的心理特征，能给人一种很强的理性和冷静的视觉感受；而变化多姿、有规律的曲线，则具有轻快、活泼、生动、圆滑等形式的心理特征，给人一种很强的感性和热情的视觉感受。

二、字符

产品交互领域的字符主要是指文字符号，包括中英文、数字，以及与它们相关的标点、运算符等特殊符号。字符是记载和传播信息的最为传统的符号系统，能指—所指关系清晰，语义学规范明确，在产品交互设计中，字符有其自身的优势，是人机交互信息传达的重要手段。但在产品交互界面中，字符的使用应遵循精练的原则，尤其是在硬件界面中，一方面是因为字符与图形、造型、色彩等符号形式相比，它缺少直观性和感性因素，这将降低交互界面的生动性和趣味性，影响用户体验；另一方面，字符需要清晰识别和精准认读，若大面积使用，容易造成用户认知负荷过载。

在产品交互设计中，字符一般用来表达特定、精准的信息点，指示按键功能、旋钮的具体挡位等，很少表示操作过程中的方式、流程等交互过程信息，按键、旋钮具体的操作方式必须使用造型、材质、结构等符号形式加以表现。如汽车中控台交互界面利用"OFF""START""STOP""ENGINE"等英文词汇指示控件功能，方便用户识别并精准区分不同按键的功能，清晰易懂；在旋钮周围的一定距离及角度范围内，均匀分布了数字0、1、2、3、4，在数字刻度的精确标识下，通过旋钮的旋转及指示，便于用户调节车内空调风速快慢，精准便捷。

三、色彩

色彩具有很鲜明的情感性，不同的明度、纯度和色相搭配都会给人不同的感受。互补色给人很强的视觉反差，邻近色给人柔和平缓的感觉。红的热烈、绿的清新、粉的淡雅、蓝的深沉等这些都是人对色彩的情感反应，是人在一定的社会生活学习中约定俗成的结果。因此，色彩是最为感性的产品交互符号形式，变化丰富且感染力强。人感知和认识色彩一般要经过物理（感觉）、心理（联想）、文化（象征）三个阶段。由于不同的色彩会使人产生不同的刺激效应，引起不同的视觉经验和心理感觉，或轻或重，或冷或暖，或进或退，或软或硬，或积极或消极，或热烈或安静，并带动不同的情感联想，人们共同的生活体验，带动产生了一些共同的色彩联想，进而左右人的情感。此外，色彩在不同的文化背景下具有特定的文化象征，能折射出地域性、民族性、历史性等特定的社会内容，这使产品交互中的色彩符号形式同样承载了丰富的文化、历史的意义，体现象征特性。

在感性表达之外，色彩同样具备理性地传达某种信息的功能。作为一种交互符号形式，它具备直观、主动、有效的信息表达功能，具有更多的引导性。一是不同的色彩能够给用户带来不同的视觉体验和心理感受，表达特定的语义，如通过色相反馈给用户产品温度信息；二是色彩具备文化属性，可以用色彩结合造型、图形等其他符号形式，制约和诱导用户的交互行为，如红色代表禁止、危险状态，绿色代表安全、正常状态；三是通过背景色和信息色的合理搭配，色彩符号可以辅助和强化信息传达，增加字符、图形等其他符号形式的识别性。另外，通过特定的色彩符号，还可以传达产品交互符号系统的属性，建立产品与环境的友好关系，加强产品交互符号系统的品牌形象和识别性。

四、造型

造型既要创造物体特定的形态，又要创造物体特定的形象，即形神兼备，创造物体形态与神态的完美结合。造型是为了表达产品的功能概念、交互方式或社会属性等相关概念，是一种"特有视觉形式"，是产品交互设计中最具视觉传达力的要素之一，也是产品交互信息的重要载体。现代产品造型受功能表达的限制以及生产技术的约束越来越少，很多形态丰富而独特，几何形态、自由形态、偶然形态和仿生形态并存，既是功能、结构、技术、美感等关联要素在造型活动中的合理存在，也是产品交互符号自身表达指示性和象征性意义的需要。造型符号多表达用户的愿望或行为方式，因此造型价值并不在于产品内在的自然质料，而是它的（外部）形式性，即用形态来显示传达各种意义。对于产品交互设计而言，设计师更是通过产品形态的创造，把自己对产品功能、使用、情感、品牌直至企业理念的认识和想法都加以形式化，使产品的形态成为一种向使用者传递意义的无言手段。特别要指出的是，当形态符号在产品中出现时，其生成是与特定的规则和识别策略相关，体现特定的品牌属性和用户群体归属，有特定的社会功利性内涵意义隐含其中。此外，每个形态在特定的文化背景下都有特定的象征意义，某种形态常使人产生历史或文化的概念。这种意义概念是建立在特定的文化背景、风俗习惯等约定的关系上的。探讨这些造型符号的语义，会发现它们背后广泛的文化内涵。

产品造型也是艺术符号的创造，它在一般美学特征基础上结合了设计师的艺术趣味和审美理解，从而创造出独特的意义价值。产生的形态既可以是自然形态的抽象模仿，也可以是独特的自由创造。对于具体产品而言，具有相同特征的形态，带给人的感受往往是类似的；而同类产品的不同形态，大或小，直或曲，厚或薄，也会使人产生不同的心理感受。表 4-1 为汽车交互设计中的造型符号，一方面，造型的线条、块面及其形式并不只是构成表象符号的材料，它本身也是意象符号，与一定的情感意义相对应，如直线代表果断、坚定、有力，曲线代表踌躇、灵活，螺旋线象征升腾、超然；另一方面，造型形态的体量比例关系、运动变化的节奏、制作手段的变化、抽象与具象程度的不同等，都会使人在视觉整体上产生不同的意象和情绪体验。

表4-1　汽车交互设计中的造型符号

基本要素	造型表现	要素特性
点	排气孔、装饰点等	具有形状、位置、凹凸、排列方式、大小比例等
线	结构线、装饰线、腰线和裙线等	具有长短、曲直、方向、疏密聚散等
面	操作台、座面、靠背结构面等	具有形状、色彩、凹凸和秩序等
体	结构体、功能体、配件单元体等	具有体量、动静关系和形状（块状、面状、线状）等

五、材质

在产品交互设计中，对于材料，重要的不是它的自然质料性，而是它使人产生的意象，即所对应的特定意义。人们常常通过视觉、触觉等来综合感受材料表面的质地，包括表面的肌理、软硬、温度、光滑粗糙程度等，这些统称为材质属性；通过感觉间的联想产生特定的心理感受和情感体验，从而逐渐在材料与视觉经验、心理体验与意义指向之间建立起稳定的联系，这就在材质属性和用户心理体验、意义之间构建了材质符号的"能指—所指"关系。

材质符号的意象是人们多次接触同一种材料时，通过对材料的色泽、纹理、轻重、软硬、糙滑等感觉的整合获取对材料的综合印象，并由视、听、触、嗅觉等不同感官的相互作用而产生的联觉。视觉主要感受材质的色泽和纹理；触觉则是对材质软硬、温度、光滑程度等的集中反映，触摸产品材料的同时还伴随听觉和温度觉，这些都会让人产生不同的触觉感受。材质的味道是用户进一步接触产品时的嗅觉感受，在大部分情况下用户并不会注意到产品的味道，但不能忽视的是，一旦产品的味道能够被用户捕捉到，它会影响用户的使用情感和体验。总之，正是用户视、听、触、嗅，甚至味觉等多通道的融合，才赋予了不同材质符号不同的感官特征、情感意象、审美感受和文化属性。如玻璃材料现代感、工业味十足；木材、织物就比较有传统气息；金属令人感到冷冰冰、生硬而没有人情味；而柔软的织物则会让人感到温暖舒适、富有亲和力。

六、结构

产品交互功能的实现必然有一定的结构基础。产品通过结构表达自身的层次感和交互方式，因此，结构也是产品交互符号，是一种形式语言。首先，从交互功能实现的角度出发，一般有结构的地方就可能是产品一些交互功能实现的地方，比如按钮的拨动、盖子的开闭、手机滑盖的推拉等，都是通过结构的形式语言潜在地告诉用户交互功能的含义。所以通过结构可以显现出产品形态视觉与交互功能视觉上的层次区分。其次，从交互操作的角度出发，结构可以带来触觉体验。不同结构会形成不同的交互操作方式，同样按下一个按键，有的按键直接下沉，产生深度位移，有的则会回弹至原位，这就会给用户不同的触感感受，造成的使用体验也就会不一样，特别是一些带有"情节"的触摸感受，能够让用户留下较深刻的记忆。最后，从操作反馈的角度出发，结构不仅给用户交互带来视觉和触觉体验，还会产生听觉反馈，使交互操作具备多通道自然交互特征。结构产生的声音反馈所传达的意义也有很多种，有些是结构摩擦产生的实际交互反馈，比如一些需要有部件嵌入的结构，只有听到了"咔"的声音才可以判断操作是否到位，还有当我们误操作某种产品的时候，可能会有一些"不正常"的刺耳声音出现，这个声音就会"提示"使用者停止动作，寻找更好的交互方式；还有一些是伴随着微电子技术的发展，用户操作结构符号后，产品会"智能"地提供声音反馈，包括智能语音和提示音。

七、声音

在产品交互设计中，声音可以被看作传递信息、含义及交互内容的美学与情感品质的重要渠道之一，声音符号既可以作为交互过程的展示，又可以作为输入输出的中介来达到调节交互的目的。用户操控一个发出声音的产品交互界面，不但能激发解释声音产生的心理符号，还会让用户对声音反应做出准备，因为声音符号可能和用户行动计划模式相联系，即声音能为用户提供进一步反应的线索。另外，声音交互符号具有影响用户情感的潜质：声音品质影响用户交互的愉悦程度，声音的反馈关系着用户的直觉和行动间能否紧密联结，它影响用户的操控体验。

声音主要分为两大类别，一种是指示型声音，另一种是提示型声音。指示型声音指的是通过机器发声器发出的话语来指导用户的操作。这种一般是指在人类大脑神经支配下，由发音器官发出的声音经过转换形成的负载一定意义、并能为人们所理解的声音信号，一般称为语音符号。提示型声音指的是利用机器发出的各种对人们有特殊的刺激反应的提示音，目的是对用户进行操作反馈或提示，比如当洗衣机完成洗衣任务时，就会发出提示音提醒用户。

第四节　产品交互符号研究体系构建

图 4-6 表示的是在产品交互符号三要素基础上构建的产品交互符号研究体系。该体系主要分为三个层面：第一层面是以用户为主导的"产品交互符号—交互逻辑 / 方式 / 情感—用户"内核系统基础；第二层面是基于用户交互"感知识别—认知理解—操作控制—体验反思"的流程，用户与产品交互符号互动

过程中产生的机体反应与符号系统类别一一对应的发展层；第三层面是围绕用户机体反应所体现的产品交互符号表现形式，即拓展层。各个层次之间相辅相成，围绕中心层层展开，自内而外逐步细化。

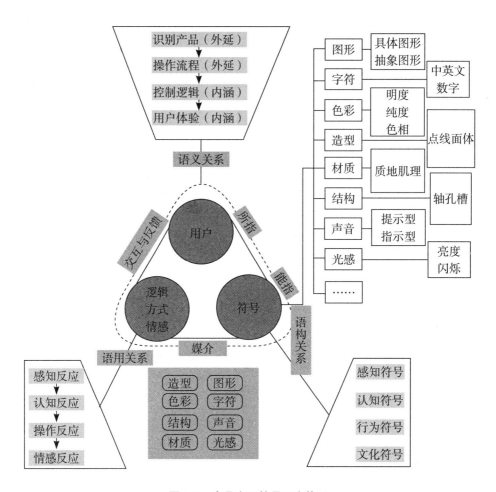

图4-6　产品交互符号研究体系

位于中心内核是产品交互符号学研究的三大基本要素，即用户、产品交互符号以及由符号指示的产品交互逻辑、方式及情感。在整个体系中，用户是核心，一是用户与产品交互过程中，用户是在特定的语境下，以产品交互符号为媒介，生成了用户与交互逻辑、方式、情感相联结的语用关系，实现了用户与产品两者间的互动与反馈。二是产品交互符号作为符号表现体，是符号的"能指"，而用户对符号意义的解释是"所指"，它们之间是形式与意义的语义关系。

依据人机交互的信息处理逻辑，用户对产品的互动反应分为感知反应、认知反应、操作反应和情感反应，即用户对交互信息的处理需要经过感知、认知、操作、文化汲取四个阶段。用户通过各类交互符号媒介（形态、色彩、材质等）感知识别产品；进而认知、分析符号所表达的各类意义，主要是交互功能、操作方式的外延意义，理解产品的交互操作流程；基于前者的思维理解进一步把握产品的交互控制逻辑，进行实际行为操作；交互操作中必然伴随着用户对产品的文化情感联想和反思，从而有效地实现用户与产品的交互和体验过程。

每一个人机交互信息处理阶段，用户反应都来源于不同符号媒介的意义和指示，与用户的感知、认知、操作、情感四个反应阶段一一对应，可以将产品交互符号分为四类：感知符号、认知符号、行为符号和文化符号。这样的划分不存在绝对性，不是割裂符号媒介之间的关系，而是因为每个符号媒介都有多层的意义和指示关系。拿图形符号为例，优秀的设计会通过合理的色彩搭配优化用户对信息的感知；通过图形形式与用户图式的匹配，帮助用户认知理解；通过图形表现与用户心智模型的匹配，引导用户操作；通过融合地域文化特征的图形风格引发用户的文化体验。

根据符号语构学的原理，产品交互符号作为符号表现体，是由图形、字符、色彩、造型、材质、结构、声音等不同的符号表现形式共同组成的，这些符号表现形式以其特定的内容和逻辑结构，作为符号表现体整体作用于用户。在感知反应阶段，用户通过感知符号表现体中的造型、色彩、结构、材质等表现形式，初步了解产品的整体功能、尺寸比例等基础信息；在认知反应阶段，用户通过认知符号表现体中的图形、文字、结构、声音等表现形式，进一步认识理解产品的实际操作流程；在操作反应阶段，用户通过造型、结构、声音、文字等符号表现形式准确掌握产品内部控制逻辑并进行操作互动；在情感反应阶段，用户通过图形、文字、形态、色彩、声音等符号表现形式本身所蕴含的文化特征和文化属性，结合高级思维和神经系统作用机制，更深入地汲取产品文化，促进用户的产品交互体验。每一种符号形式都各具特色，各种符号形式的组合也灵活多变，由此形成特定产品交互符号的语构关系。

第五章 产品交互符号的意义及其传达

第一节 产品交互符号的特性与意义

一、产品交互符号的特性

（一）交互性

产品交互符号的交互性指的是，用户与符号之间通过具体的视觉、听觉、触觉等通道与产品界面能够实现人机互动和双向信息交流。有别于一般符号，产品交互符号不仅显示产品功能信息，还能够向用户明确地表达相应的操作方式以及给出操作后的反馈信息，辅助用户顺利地完成与产品的交互。用户与产品交互符号之间的信息传递是相互的，用户既要认知理解符号的意义，接收交互符号信息，又要通过操作传递给产品具体的指令信息。

（二）感知性

产品交互符号的感知性指的是，产品交互符号在与用户交互的过程中，符号自身各类感知要素（视觉、听觉要素等）能够与目标用户的感知能力和特点相耦合。相对于一般符号，产品交互符号形式应符合用户的生理、心理特点，以提高交互符号的感知性，这有利于对产品的整体识别。

（三）认知性

在进行交互符号设计过程中，认知性设计是其核心内容，是交互符号的生命力所在。用户在感知产品交互符号之后，需要对其进行认知加工，并在脑中形成特定的心理概念。用户的心理概念与其固有的心智模型的匹配程度与符号的认知性强弱有很大关系。交互符号的认知性越强，则这种心理概念（或对产品的印象）与用户的心智模型更为匹配，反之则会有很大差异，这很可能导致用户操作失败。

（四）文化性

产品交互符号与交互语境密切相关。不同文化背景的用户不一定能理解同一种产品交互符号。与传统的产品使用体验所追求的流畅、愉悦相比，产品交互符号具有更深层次的行为方式、精神观念等内涵价值。在用户与产品交互过程中，产品交互符号蕴含的社会文化、群体精神等内涵信息可以触发用户更深层次的情感联想与文化反思，从而加深用户对符号的理解，增强其对符号的认同感，同时这也是用户所熟悉的社会文化的彰显与传播过程。

二、产品交互符号的价值

符号的本质在于意义，意义是符号的真谛。符号的意义就是符号通过符号形式所传达的关于符号对象的讯息。符号能够表达意义，它是社会对象化的意义载体，由此产生相关联的各个不同的意义系统，任何符号都与意义产生共鸣，意义构成了客体思想与符号之间的联系。基于产品交互的符号学研究，总的来说，就是为了使用户更加容易与产品进行信息沟通，进而更好地达成交互目标。

每个符号都有其所代表的心理表象和特定意义，这也是其表现出来的内容及其在符号系统中的作用。产品交互符号意义一般可以认为是在特定的语境中，用户对产品造型、色彩、声音等的理解，是用户接收到产品对其视觉、听觉、触觉等感官刺激后形成的心理概念及印象，它既可能是直觉的，也可能是经验或思考的结果，还可引起用户的情感共鸣和行为反馈。因此，交互符号是在特定语境下，用户与产品交互过程中进行体验的叙述和导航，是能够让用户参与活动、满足其愿望、需求的新型交流载体。

信息化背景下，产品交互界面容易导致用户注意力分散、认知重复、信息反馈不完善、交互过程烦琐等认知困境，使用户的认知负荷过大，体验不佳。产品交互符号作为一种非语言符号，是由视觉、听觉、触觉等符号为信息载体构成的新的符号系统，它的价值在于：能够使人们更加容易感知和识别产品，并引导用户进行认知操作，帮助用户迅速建立起对产品的心理概念，理解产品的功能操作含义和交互方式，能够引导用户操作，并合理给出交互反馈信息，最终顺利地实现人—产品之间的信息交流和互动，能有效减轻用户的认知负荷，提升用户体验的满意度。

第二节　产品交互符号意义生成的影响因素

一、用户生理特征

不同用户人群的生理特征有很大差异，但是对于特定的人群来说，他们的生理特征是基本稳定的。人的身体尺寸，包括身长、肢长、活动幅度，以及生理节奏、观察能力等都大体相同，并具有一定的规律性。利用用户的生理特征与产品的造型、结构之间的逻辑关系进行的产品交互符号设计，能够表达特定的意义和交互方式，用户也会凭直觉自然地理解此类意义，并能顺畅地与这些符号媒介进行交互。如图 5-1（a）所示，智能手机下方的 Home 键，它的大小、形状以及位置等与目标用户手指前端的尺寸、形状及活动规律相吻合，Home 键符号所表达的含义能够被用户迅速理解，用户能够方便且习惯地操作 Home 键。又如图 5-1（b）所示，鼠标的形态、尺寸以及各部件的形状、位置、凹凸关系与目标用户手掌的各项生理特征相符，即使初始用户，也能迅速、顺利地掌握鼠标的操控方式。

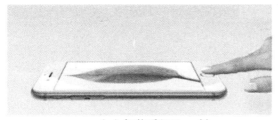 

（a）智能手机Home键　　　　　　　　　（b）鼠标

图5-1　吻合用户生理特征的案例

二、用户心理特征

不同用户在稳定的心理特点上存在差异，包括智力、认知或人格等方面的差异。但就其对外界视觉、触觉等刺激的认知反应来说，具有很多的共性。比如，绝大多数用户对于尖锐的造型会感到警惕、刺激，而接触到圆润的造型时则会感觉到可爱、亲切；就色彩而言，明亮的色彩会让用户感到刺眼和兴奋，灰暗的颜色则会让用户感到稳重和严肃；质地坚硬的材料会让用户觉得可靠和结实，而质地柔软的材料则有一种舒服、可爱的感觉。同样，对于声音来说，刺耳的声音给用户一种紧张的感觉，而悦耳的声音则会让其感到放松。由此可见，用户对各类符号媒介刺激的心理反应是有规律的，基于这些规律的符号设计，就具有共性的意义。如图5-2（a）中警笛的设计，整体向上收缩的对称造型能给刺激对象一种紧张的感觉，红色的色彩和不断跳跃的光感刺激着接收者的神经，伴随着尖锐的声音，让接收者感受到警察执行任务的紧急性。又如图5-2（b）中的电水壶，光感符号指示灯的亮起和熄灭，对应电水壶工作状态的开始和结束，就是绝大多数用户共性的心理反应。

（a）警笛　　　　　　　　　　　（b）电水壶

图5-2　吻合用户心理特征案例

三、用户的交互经验

产品交互符号的意义生成同样也和目标用户的交互经验有关。用户的交互经验是指用户在生活中或在曾经使用各类产品时积累的操作经验。从本质上来说，这是认知隐喻的"映射"作用，即把现实世界用户熟悉的、已知的、具体的事物、概念、经验和行为映射到虚拟的交互符号信息世界，把信息这个抽象的、无视觉特征的东西表现为可见层面的东西，使交互界面所承载的信息内容都是用户熟知的、体验过的，给用户一个有形的、可感知的交互方式，从而减少用户必需的认知努力。如图 5-3（a）所示，用户一般用手移动物品，因此在一些软件的界面符号设计中，通常也会使用手形图标符号代表抓取、移动操作。在图 5-3（b）汽车交互界面的符号设计中，汽车仪表背景灯亮度和近光灯照射角度的调节使用滚轮，上旋数值变小，下旋数值变大，也符合人们的使用经验。

（a）手形图标符号　　　　　　　　（b）汽车灯光调节符号

图5-3　用户交互经验隐喻案例

四、经济技术条件

经济技术对产品交互符号形态、结构及意义的影响也是不容忽视的。新的经济技术条件赋予设计符号以新的形式和新的意义，或者赋予旧的形式以新的意义。人类环境的发展历史莫不如此，凡是不符合经济技术要求的形式和意识最终不免被历史抛弃。因此，经济技术的发展，必将改变产品交互方式，这是满足用户需求和提升用户体验满意度的必然要求。相应地，表达交互方式的产品交互符号在造型、结构、文字等符号形式上都会发生变化，表达不同的符号意义。图 5-4 表现了汽车发动机和电子集成技术发展对汽车挡位控制方式的影响。

（a）汽车手动挡控制方式　　　　（b）汽车自动挡控制方式

图5-4　经济技术条件影响案例

五、社会文化背景

不同的用户所处的社会环境不同，社会的文化底蕴、习俗等都有所差异，用户个人的思考方式和行为习惯也不一样，可能导致其对同样的符号有不同的理解。这就是在不同的交互语境下，即使符号表现体（能指）与符号解释（所指）之间的对应关系一致，但符号的指示意义（象征意义）可能差距很大。如图 5-5 所示，在一些电风扇的开关挡位操控界面设计中，不同的数字符号代表不同的挡位，有些界面的数字符号数值越大，代表的挡位越高，风力越大；而在另一类设计中，则可能正好完全相反，数字符号数值越大，代表的挡位越低，风力越小。

图5-5 电风扇开关挡位操作界面

第三节 产品交互符号的意义层次

一、符号的意义层次

罗兰·巴特把符号的构成视为能指与所指的统一体，并且从功能性和实用性角度出发，阐释了能指、所指和意指。能指是物质的；所指是"事物"的心理再现，是符号的使用者通过符号解释"某物"；意指则被理解为将所指与能指结成一体的行为过程，该行为的产物便是符号。

1964年，巴特发表了题为《物的语义学》的演讲，首次将物作为"能指"看待，它的"所指"除了功能性的"本义"外，还有"引申意义"。前者为外延意义或"物"的本义，后者为内涵意义。巴特认为两者是不同序列的表意，第一系统为外延层次，第二系统为内涵层次。

（一）符号的外延意义

符号的外延意义，即明示义，是指使用语言表明语言说了些什么，即某个符号与其所指对象间的简单关系或字面关系。这层意义是首要的、具象的并且相对独立的。符号的外延意义由客观构想的所指构成，符号外延的能指和所指的结合受到编码规则的支配，所以能指与所指的结合关系是稳定的。如"母亲"的外延意义，即明示义为"一个人的女性父母"，前者是能指，后者明示义是所指，两者的结合关系稳定。

（二）符号的内涵意义

第二层是内涵意义，即隐含义，是指使用语言表明语言所说的东西之外的其他东西，是言外之意，即形成意义中那些联想的、意味深长的、有关态度的或是评价性的隐秘内容，反映了符号的表现价值并依附于符号之上。符号内涵则是以符号外延的形式与内容的结合为能指，内涵意义以外延意义为前提。符号内涵意义表示与符号外延的形式、功能相关的主观价值，不受符号规则的支配；它基于对能指与所指整体间的一种类比、主观的认知与判断，所以符号内涵的能指与所指的结合极不稳定，因人而异。如"母亲"的内涵意义就如此，作为隐含义，它可能是"温暖""善良""体贴""温柔"等。

二、产品交互符号的外延意义

产品交互符号的外延意义是指在用户与产品交互过程中，产品的造型符号、色彩符号、结构符号等所直接表现的内容，经归纳分析，它主要包括以下两个方面。

（一）外观形态、色彩等表象

就交互界面而言，是在交互过程中用户对产品传递的信息进行感觉登记后，对其形态、色彩、材质等的大体认识。它是用户与产品界面发生交互行为时最先接触到的层面，也是后续更深层次符号意义的载体。如图 5-6 所示，对于 iMac 一体机的用户来说，首先了解到的是电脑的超薄的造型、滑润的材质、典雅的黑白色彩搭配等表象。

图5-6 iMac一体机

（二）功能识别与操作指示

功能识别与操作指示是指用户对产品交互符号传递的信息进行知觉组织、记忆等加工程序之后，对产品整体及其各结构功能、交互方式的理解。产品功能是指满足用户需求的产品各项使用价值，它是通过产品整体或部分的交互界面来呈现的。一般情况下，每种产品的整体或局部的形态、结构在每个行业中都有特定的功能意义相匹配，用户将产品交互符号与其他已熟知的同类产品的符号进行对比分析，能够强化对产品功能的理解。通常用户理解产品功能所需的时间越短，所需的认知资源就越少。用户理解的内容越准确，则说明产品交互符号功能提示的意义更明确。整体识别产品之后，用户对交互符号信息进行更深层次的记忆、推理，深入理解产品的操作逻辑和程序，以顺畅地进行人机信息交流。产品操作程序与用户的认知习惯以及已有认知经验越匹配，所需要的认知资源越少，则用户对产品操作程序的理解越有效、越深入，符号引导操作的意义就更明确。图 5-7 是一款家用洗衣机，它的界面主要是硬件界面，主体以及滚筒盖的造型提示用户它的功能和启动方式，界面上的各个按键的文字和图标符号指示用户如何操作洗衣机。

图5-7 洗衣机交互界面

三、产品交互符号的内涵意义

产品交互的内涵意义是指产品交互符号所蕴含的关于目标用户的个人情感需求、社会文化理念等。通常这是一种隐含的关系，这里也包括用户个人的特征关系，以及与其所处的环境特征的联系等。它以产品交互符号外延意义为基础，以交互符号外延的形式与内容的结合为能指，但其所指并不是恒定不变的，而是会随着不同用户的使用情境以及情感的变化而改变，主要表现为以下两个方面。

（一）低层次的情感反应

在用户与产品交互的过程中，会对符号传递的关于产品的造型、色彩、功能等要素的信息产生某些情感体验，比如说造型是否美观，色彩搭配是否合适，功能是否合理，操作方式是否易于理解，等等。这些情感体验是基于个人交互经验、审美价值观而产生的，会在很大程度上影响用户对产品的印象。合适的交互符号在引发我们良好的情感体验的同时，能够加深用户对界面的认知，提升交互的效率。如图 5-8 所示的 iMac 笔记本，银灰色的色彩会给用户一种高雅的感受，用户接触到金属的材质时会感到丝丝清凉，界面不同要素的布局、使用方式也会给用户不一样的情感体验。

图5-8　iMac笔记本

（二）高层次的情感联想

不同用户在社会中都有自己的位置、地位、角色，设计师利用产品交互符号与目标用户的情感文化之间的联系来引发不同用户人群更深层次的情感联想。比如用户在与产品交互时能对自身身份产生认同感，他们更高精神层次的情感需求将得到满足。除此之外，用户在操作产品界面的时候，通过符号能感受到相应的人文气息，从而与产品在情感上达到共鸣。每个用户都是社会历史文化的一部分，都无法摆脱自身所处的文化环境对他们的影响，不同民族和地域的用户有不同的文化特征和风俗习惯，设计师把这种文化差异充分运用到产品交互界面的符号设计上，使之具有本土文化特色，体现文化精髓，表现出对用户的情感文化关怀。产品交互符号的这些内涵意义能够增加用户自身的归属感，加深对符号的理解和认同感。

产品交互符号的意义是外延和内涵的有机统一。符号表现形式多种多样，随着科学技术的发展和人们审美观念、认知习惯的改变，符号的样式也可能会有变化，导致符号所表现的外延和内涵意义随之变化。罗兰·巴特在外延与内涵的表达与层级关系的论述中提出：外延是第一序列，是由一个能指和所指所组成的符号；内涵是第二序列的含义，使用外延符号作为它的能指，即以符号外延的形式（外延的能指）与外延的内容（外延的所指）的结合为能指，并且与它的另外的所指相联系。在这一架构中，内涵意义是以外延为前提的，内涵中包含的符号是从外延的能指符号中获得的，外延引导着内涵的链条。产品交互符号的内涵意义表示与符号外延的形式、功能相关的用户主观感受、主观价值，其内涵层面的能指和所指的结合并不十分稳定，往往因用户特征、地域特征、交互语境而不同。但外延意义与内涵意义之间是可以转化的，内涵意义在长时间使用，且被用户熟知后，也可能产生外延化，而产品交互符号内涵意义的外延化将会产生所谓的交互定式和品牌效应。

对于产品交互符号而言，符号能否明确地表达它的外延意义直接影响着用户在与其交互时的认知负荷。产品交互符号的内涵意义以外延意义为依托，表达的是符号的各类情感、文化的象征价值。外延意义是产品交互得以完成的基础，内涵意义是产品交互价值得以提升的手段。因此在产品交互符号的设计表达中，符号的外延意义必须明确并易于理解，同时注重内涵意义的表达，以增强用户对产品的认同感，提升用户体验满意度。

第四节　产品交互符号的意义传达

一、符号与传播

传播是一种信息传递或信息系统运行的过程，其根本目的在于传递信息，是人类运用符号按照一定的传播形式进行社会信息交流的一种行为。无论何种传播形式，归根到底都是为了将自己的消息、意见或感触"传"给另外的人，让双方具有彼此的"共知"和"共见"，最后建立共同性。

交互设计旨在建立和谐、舒适的人机关系，也就是建立人与机器或产品界面之间的信息沟通桥梁，进而达到信息传播的目的，故而它不仅是一种构建传播的行为，也是让传播行为更为有效、优化达成的一项工作。从传播的视角考虑产品交互设计，一方面有利于理解和解释符号在交互设计中的应用，另一方面传播是以符号为载体，传播过程和传播模式的分析将有利于交互设计信息传递的优化。产品交互符号意义的传达是在人与产品交互的过程中，以交互界面为媒介，将符号信息按照一定的传播模式传递给用户，用户对符号的意义进行理解并加以解释的过程。

产品交互符号传达的目的是使用户能够感知并理解产品各类交互符号的意义，使用户顺利地与产品完成交互，减轻用户的认知负荷，提升用户的各类体验。产品交互符号传达的主要内容如下：一是与产品有关的功能属性、使用操作方式、人机关系等；二是用户对产品的感性认知体系，包括个人的情感体验和社会文化特征。通过符号的传达可以辅助认知，使符号语义和产品界面间发生关联，提高产品交互界面操作的可用性，减少消费者认知障碍。

如图 5-9 所示，目前传播学中传播过程模式主要分为三类：（a）拉斯韦尔 5W 模式；（b）香农 - 韦弗模式；（c）施拉姆模式。拉斯韦尔提出的传播模式主要包括五个基本构成要素：谁（Who）、说什么（What）、对谁说（Whom）、通过什么渠道（What channel）、取得什么效果（What effect），并按照一定的结构顺序排列起来，即传播者、信息、传播渠道、受传者和效果，是一种线性的传播模式。香农 - 韦弗模式把传播过程分成六个组成要素，是一个带有反馈的双向传播模式。施拉姆模式强调传收双方只有在其共同的认知经验范围之内，才能达到真正的交流，因为只有这个范围内的信息才能为信息发送者与接收者所共享。这一模式同时也强调传者和收者都是积极的主体，收者不仅接收信息、解读信息，还对信息做出反应，传播是个双向的互动过程，包括对意义的反馈，从而形成完整的过程。

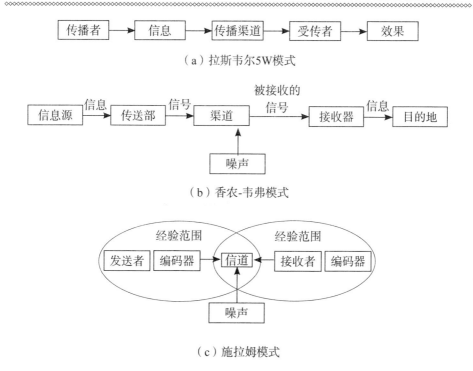

（a）拉斯韦尔5W模式

（b）香农-韦弗模式

（c）施拉姆模式

图5-9　传播过程模式

二、产品交互符号意义传达的要素和模式

结合以上三个传播过程模式的分析，产品交互符号意义传达的过程主要包括以下四类要素：

（一）符号信息的发送端

符号信息的发送端是以设计师为代表的设计、制造方，是符号信息的编码者和发送者。在产品交互界面的设计中，设计师将抽象的产品语意（价值）以各类不同的符号形式（造型、色彩、声音等）进行编码并传达给用户。在这个传达过程中，生产制造方是产品的提供者，众多的生产制造者和销售者形成了完整的工业系统，即符号传达的信道。

（二）产品语义

产品语义代表的是产品交互符号信息传达的内容，即符号的意义，包括外延意义和内涵意义。这是符号传达的基础，是由设计师的设计决定的。在产品交互设计之初，设计师需要考虑将哪些产品语义传达给用户，产品语义要呈现怎样的产品功能，满足用户怎样的情感需求。

（三）系统 / 设备

这是符号的能指部分，它的状态影响符号呈现的方式，是产品交互符号得以传达的物质载体，是产品造型、色彩、材质、结构、声音等要素的结合体。在产品交互符号传达的过程中，系统和设备是用户首先接触到的层面，交互界面是它的外显部分。系统 / 设备 / 界面的具体呈现由生产者当前的经济技术条件以及设计师的设计所决定。

（四）用户

用户是符号信息传达的接收者，也是符号信息的解码者和反馈者。在产品交互符号传达的过程中，用户通过对交互界面进行感知，实现对交互符号信息的获取，再在认知系统中对获取的信息进行加工和解码，从而理解符号的意义。最后通过界面操作等方式将符号传达的意义内容反馈给设计师，为交互设计的迭代提供依据。

可以将产品交互符号意义传达的过程分为五个步骤，其传播过程模式如图5-10所示。

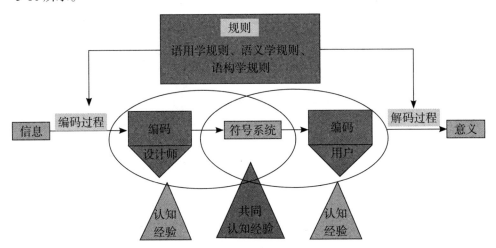

图5-10　产品交互符号意义传达的过程模式

第一步：设计人员需要通过对产品和目标用户进行调研分析，确定需要传达的产品语义有哪些，以及具体语义内容。产品语义内容很大程度上决定了人与产品交互的效果，因此设计师确定需要传达的产品语义时，必须充分考虑用户的年龄、性别及使用环境等因素。

第二步：设计师将需要传达的产品语义内容转换为可以发送的信号，这是符号意义的"编码"过程。设计师在编码的过程中将需要传达的各类产品语义按照一定的编码规则转换为一种特定的设计符号。这些符号能够被用户感知，且能在用户认知系统中进行解码。设计师是产品交互符号信息的传送者，更为重要的，他们也是符号形式的创造者。在符号编码的过程中，设计师应当通过市场调研、用户心理研究、同理心设计等方法，充分了解产品以及用户人群的背景、特点、社会文化、认知规律等，并基于与用户共同熟悉的认知系统，科学地进行交互符号意义编码，将产品所具有的属性和意义准确地传达给用户，体现其应有的价值。设计师在进行符号编码时，一定要遵循客观构想的编码规则。对于产品交互符号而言，主要从语义学、语构学、语用学三方面系统地分析其编码规则：一是语义学规则，即需要确定单体符号能指与所指的关系，使产品交互符号符合产品的功能、操作以及情感、文化价值；二是语构学规则，即规定产品交互符号媒介之间相互组合关系，使之形成一个符号系统；三是语用学规则，即编码必须考虑用户与产品交互时的具体语境因素。

第三步：用户在特定的语境中，通过交互界面对符号传递的信息进行感知，并在大脑中对感知的信息进行认知加工。

第四步：用户对符号信息进行加工解码，理解、分析符号的意义，然后对界面进行操作并伴随着情感联想。

第五步：在产品交互符号意义传达的过程中，符号化和符号解读构成了意义传达的一个完整过程，但是，意义的传达并不可能一次就彻底地完成，且在传达过程中有各种因素干扰，需要经过用户和设计师之间的反馈调节——用户通过界面操作试用、问题反馈等方式把用户认为不合理的意义编码再提交给设计师，设计师加以比较、修正，总结出影响符号意义传达的具体原因，并进行迭代设计，最终使用户理解的意义内容与符号传达的信息内容实现最大限度的一致，如图5-11所示。

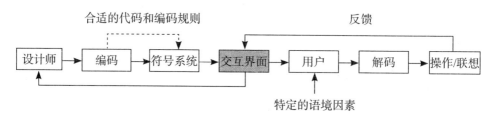

图5-11 产品交互符号的迭代模式

三、产品交互符号意义传达的影响因素

在理想状态下，符号意义传达所追求的最高目标就是所有意义都能被用户清晰地理解，所有的意义信息都能在产品与用户之间顺畅地传递。达成这种理想传达的条件相当苛刻，在以用户为主体的传达中根本就无法实现。因为用户与产品交互过程不同于直接面对面的对话交流，它是以产品交互界面为载体，完成产品与用户之间的信息交流，因此在设计师通过交互界面符号向用户传达信息的过程中，会出现很多的干扰因素，即噪声。这些噪声导致用户理解的符号意义与设计师想要传达的语义产生一定的偏差。如表5-1所示，在产品交互符号意义传达的过程中，噪声来源主要表现为五个方面。

表5-1 产品交互符号意义传达的影响因素

影响因素	具体解释
设计师与用户的差异	设计师与用户在社会文化、环境、行为、认知习惯等方面存在一定的差异，造成编码与解码认知规则的差异
语境因素	主要是产品的功能技术基础、人的生物学基础与社会文化等语境因素的不同，造成用户对符号意义的理解有偏差
产品实际条件的限制	各类经济技术条件对符号形式表现的限制，很多情况下技术条件满足不了符号意义清晰传达的渠道要求，如多通道自然交互有待发展
用户解码的多样性	人类是由主观感情控制的智慧生物，用户作为解码者可能存在更多对于信息解读的可能性
用户反馈效果欠佳	由于实际的条件限制，用户反馈信息的途径少，信息反馈的效率也比较低

第五节 产品交互符号的意义编码

一、产品交互符号意义编码的语义学规则

产品语义学主要研究的是在以用户为中心思想的基础上，如何系统地把握并全面地分析产品语义，充分运用设计符号使产品的功能和形式达到高度统一，使产品不仅有良好的实用功能，而且可以体现出产品的象征意义和文化内涵。基于语义学原理的产品交互符号的编码规则主要针对的是单体符号元素的意义编码，是在进行符号编码的过程中，规定如何利用单体符号元素形式与意义之间的逻辑关系进行编码的原则，目的是满足符号的外延功能和内涵功能，以期减轻用户的认知负荷，提升用户的各类体验。单体符号编码是依据不同的符号实体属性进行的，符号的实体属性指的是符号外在表现的实体形式，就产品交互符号而言，主要包括造型、结构、色彩、光感、材质、字符、图形、声音八类，将产品交互符号的外延和内涵意义以这几种实体形式呈现出来，不仅使用户易于操作产品，还能激发用户自身的情感联想。产品交互单体符号的实体属性包含的编码要素如图 5-12 所示。

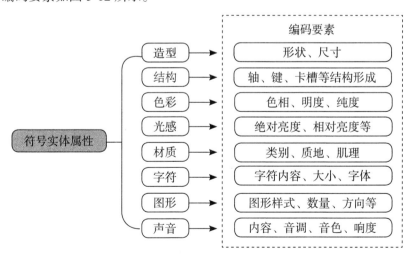

图5-12 符号实体属性的分类和具体编码要素

（一）造型符号编码

不同的造型符号所表达的外延意义和内涵意义不同，影响造型符号形式与意义对应关系的因素主要是造型的形状和尺寸。如表5-2所示，不同把手的造型不同，所蕴含的意义也不尽相同，这里的意义包括把手的功能、操作方式，以及使用背后隐含的行为、观念等文化理念。用户会根据自身的交互经验以及本能反应理解造型符号的意义，并做出相应的操作行为。除了形状因素之外，造型的尺寸、尺度也很重要，比如说，不同尺寸规格的碗，表达的意义就不同，用户观察到较小的碗会理解成是装米饭的碗，看到尺寸较大的碗就会理解为具有装菜的功能，而更大尺寸的碗则暗示着它是用来和面或者洗菜的，虽然三个碗的形状、材质等其他形式完全相同。

表5-2　造型符号编码的形状与尺寸要素

设计师在进行造型符号编码时，需要兼顾科学性和艺术性，所选用的造型要尽可能地带有明确的示意性质。首先确定需要运用造型符号传达的产品语义是什么，然后分析产品造型与需要传达的语义之间存在的逻辑联系，并利用这些逻辑联系进行编码设计。这种将意义与造型进行转换的产品交互符号编码方法可以改善用户对产品的印象，使产品整体和部分更加易于识别和操作，保证人与产品之间的信息认知互动方式符合人的认知、行为特点，减轻用户的认知负担。除此之外，良好的造型符号编码还能引发用户深层次的情感联想。

图5-13是著名设计师格雷福斯的经典设计作品——"鸟嘴"热水壶，该产品是造型符号编码设计应用的典范。其水壶把手以及壶盖的形状、尺寸设计符合人手部的生理特点，人们不加思考就可了解如何抓握水壶把手以及开启水壶。除此之外，水壶整体的造型设计理念还体现了一种后现代主义设计文化，如壶口鸟嘴造型符号，符号的外延意义清晰地表达了它的鸣叫提醒功能与打开的操

作方式，使产品自身能够"说话"；另外，鸟嘴造型符号能够激发用户对大自然的联想，使产品更具生命力和亲切感，使水壶能够"唱出悦耳动听的歌声"，这是符号内涵意义的价值表现。

图5-13　格雷福斯的"鸟嘴"热水壶

（二）结构符号编码

结构符号编码是指利用产品各部件之间相互连接的方式与其所表达的相应的功能、操作方式之间的内在逻辑进行编码的方法。影响结构符号编码效果的主要因素是产品部件之间的连接方式，这些连接方式自身就清晰地表达了操作指示性意义，如表5-3所示。

表5-3　结构符号的指示性

	轴	按键	螺纹槽	水平轴	孔	卡槽
图片展示						
操作指示	转动	按压	拧开	水平转动	插接	卡接

不同的连接方式导致其操作的方式不同，表达的意义也不同。如轴对应的是旋转操作，按键对应的是按压操作，孔对应的是插接操作，而卡槽对应的是卡接操作等。不同的结构之间可以相互组合，共同发挥作用。因此，设计师在进行结构符号编码的过程中，需要了解不同结构与其操作指示之间的对应关系，

考虑需要运用结构符号传达的产品语义的具体内容，以及用户的生活方式、生理心理特点和认知经验，选择用户易于理解并操作的结构符号进行编码，可以减少用户的认知和生理负荷。

如图 5-14 所示的两类插座的设计，都是利用各类结构符号的特性并组合来进行产品语义表达的。（a）中插孔的不同结构和位置使用户很容易辨别可以从顶端或前端插入电器插头，不仅使用户接电操作更为便利，还减少了因为电线扭曲造成的损耗和不便；而（b）中插座的结构特点使用户能快速认知其功能和操作方式，意识到其可以进行旋转操作。这些结构符号设计不仅减少了用户的认知负荷，还为用户生活提供了诸多便利，提高了产品的各类体验。

（a）　　　　　　　　　　　　　　　　（b）

图5-14　不同插座的结构表现

（三）色彩符号编码

色彩符号编码是指利用用户在特定的语境下对各类色彩的生理、心理反应，分析产品色彩表达的外延、内涵意义之间的逻辑联系，进行编码设计的方法。影响色彩语义表现的主要编码要素是色相、明度和纯度。

色相是指色彩的相貌。它是色彩的根本特性，也是区别、辨认以及使用色彩的标准。不同的色相形成的不同的色彩类别，能够表达不同的意义，给人以不同的感受，比如说红色能给人热烈、警示的感觉，绿色给人一种生机盎然、安全和平的感受，蓝色能给人一种科技感，等等。明度是指色彩的明亮程度，或者说是色彩的深浅程度以及明暗效果。明度的产生取决于三个条件，一是光源照射的角度不同，二是色相的不同比例混合，三是不同色相间的对比。明亮的色彩容易令人兴奋、激动；昏暗的色彩让人感到安静、寂寞。纯度是指色彩的饱和程度，也称为"彩度"。从光学角度讲，光波越长越单纯，色彩就越鲜亮，但是色彩的纯度和明度并不成正比。

设计师能利用不同的色彩符号编码区分产品结构模块、表达操作进展程度、显示交互效果等，而色彩在某个载体上具体的象征意义（内涵意义），则往往取决于不同地域、民族的文化特征和宗教习俗。

设计师在进行产品交互符号的色彩编码时，应当先考虑需要运用色彩传达的语义是什么，然后再根据不同色彩的形式与意义之间的逻辑关系对其进行编码，并且考虑目标用户的色彩感知能力和认知经验，以及色彩符号与用户交互时的环境因素。如图 5-15 所示，设计师在设计交通指示灯时选用红、黄、绿三种色相，红色起到警示的作用，表示"停"，黄色表示暂停，起警告作用，而绿色则有"安全"之意，表示"通行"。这三种色彩符号在绝大部分行人的感知能力范围内，配合声音编码是考虑极少数盲人的需要。

图5-15 交通指示灯的色彩符号编码

（四）光感符号编码

光感是指在特定情况下人对光的感知和感受。对于光感而言，影响其表现形式与意义的编码要素主要有四个。一是绝对亮度，也称绝对光度，是表示光强度的实验数据。二是相对亮度，对于一般用户来说，绝对亮度意义不大，而相对亮度更有意义。相对亮度是指光强度与背景的对比关系，称为相对值。三是光亮范围，光感不仅与光的强度有关，还与光的范围大小有关，并与其成正比。四是辨别值，光的辨别难易与光和背景之间的差别有关，即明度差。因此，在光感符号编码设计中，如果设计师希望光或由光构成的某种信息容易被用户注意感知，就应提高它与背景的差别，或增大光的面积，编码的关键不在于光的绝对亮度，而在于它与背景的差别和它自身面积的大小。

除了以上四个因素，不同形式的光感给用户的感受也有很大差异，如闪烁的光感能起到提醒、活跃气氛的作用；稳定的光感能起到显示产品状态的作用。而光感和色彩往往是结合在一起发挥作用的，通过色彩和光感的结合不仅易于使用户理解产品的功能和操作方式，还能启发用户的情感联想。设计师在进行光感符号编码时，需要考虑到目标用户对各种不同的光感的感知能力，以及相应的心理概念，以选择合适的光感符号形式准确地表达产品语义，提高用户操作效率，提升用户体验满意度。

如图 5-16 所示，在机械键盘的光感符号设计中，将光感与色彩相结合，用不同色彩的光感来传达各种功能和操作信息。比如小键盘、大写锁定的指示灯，光亮可以指示用户这些功能的开启状态，而键盘的按键发出的不同颜色的光，可以区分不同的按键区域，起到传递信息的作用；而且这些不同颜色且有质感的光，还会给用户一种科技感；甚至有些机械键盘还具有呼吸灯闪烁功能，交互中键盘就如同用户的呼吸节奏一样，光亮起伏变化，能够给用户亲切、愉悦的交互感受。

图5-16　机械键盘的光感符号编码

（五）材质符号编码

对于物质性的材料来说，材质是材料的质地和肌理的特性。质地是材料的内在本质特征，由其物理属性引发用户的感受差别，主要体现为材料的软硬、轻重、冷暖、干涩、粗细等。例如，有机玻璃和玻璃，光泽、色彩、肌理都相同，但因物理、化学性能不同，用户感受到的质地是不同的。肌理是指物体表面的组织构造，是否有凹凸立体的形状和光影色度的变化。因此，材质取决于材料的组成成分和加工工艺，如表5-4所示。

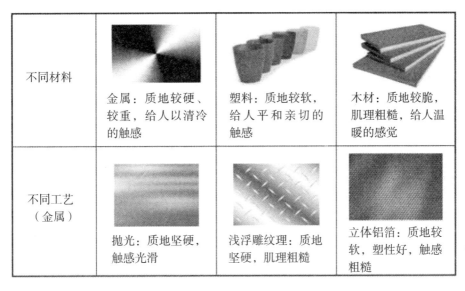

表5-4　各类材料符号

产品材质符号的意义表达主要体现在用户对材质的整体感受上，并从感觉与知觉两个角度形成对材料的符号印象。不同的材质有不同的触感，从而形成不同的材质符号，材质符号的编码规则也应遵循科学性和艺术性编码相统一的原则，协调好理性与感性、视觉与触觉之间的关系，给产品赋予最适合的材质属性。设计师在进行交互符号的材质编码时，既要遵循不同材料的材质特性与表达意义之间的关系，还需要考虑材料生产加工技术、成本等因素的制约。优良的材质符号能够提升用户的体验满意度，使交互过程更加和谐。图5-17为自行车把手的材质符号编码，设计师采用质地较软的橡胶材质作为把手的外包裹材料，其肌理凹凸不平，触感柔软兼具粗糙，当用户握上把手时，材质的特性会让人本能地握紧，且轻松地完成转向、变速等操作。

图5-17　自行车把手的材质符号编码

（六）字符编码

字符包括中英文、数字和特殊字符，是传统记载和传播信息最为重要的符号形式，有明确的符号意义和符号编码规则，容易在设计师与用户的共同认知范围内产生交集。在产品交互符号意义传达的过程中，字符也是一种重要手段。虽然字符与图形符号相比，在信息量、直观操作提示等方面有不足，但其在准确性和含义清晰性上有自身优势。但在具体实践环节，必须注意字符编码量的把握，不能整个交互界面全部依靠字符编码来传达信息，因为字符需要精确认读，这会消耗用户的注意资源和工作记忆，容易造成认知负荷过载。字符和图形符号在交互界面中常结合在一起使用，如精练的文字能很好地解释图形符号，为图形提供最根本的说明和信息指示，这能增强信息传达的力度，毕竟图形的内涵和文字比起来，是相对模糊、多义和不准确的，文字对图形有命名和统摄作用，它指称图形的内涵，能使用户最快地认读出图形所指涉的意义。

影响字符意义表达的关键编码要素主要是字符内容、字体和字形这三类，字符内容决定了字符的外延意义，而同种字符的不同字体样式给人的感受不同，另外，即使字体相同，粗体、斜体等字形变化对其内涵意义的表现也不一致。因此，字符编码中，应该将字符的字体、字形、大小、比例等纳入图形设计的范畴，并应用解构、重组等手段，进行字符图形化表现，这能提高交互界面信息传达和用户认知的效率，并使界面更具美感和趣味，更加活泼生动，以激发用户的情感联想，提高用户体验的满意度。如图 5-18 所示，在电磁炉的交互界面设计中，设计师采用数字符号来表示烧煮的预约时间以及所选的挡位、功率和温度变化，而使用各类文字符号来表示各种功能按键的作用和意义，字符大小、色彩、形式变化丰富，图文搭配合理，交互符号意义表达清晰，整体指示性和体验性优良。

图5-18 电磁炉交互界面的字符编码

（七）图形符号编码

图形往往通过"形—象相似"的机制，比较直观地表达客观对象，即模仿或图拟存在的事实，借用原已具有意义的事物来直观表达客观对象。正如皮尔斯所说："每幅图片（无论其表达方式如何制度化）都是一个图形符号，图形符号具有与它们所表现的客体相似的性质，它们刺激着头脑中的相似的感觉。"依据图形描述客观对象的方式不同，产品交互图形符号编码可以进一步分为具象图形编码和抽象图形编码。

1.具象图形编码

具象图形符号和抽象图形符号在信息传达和用户认知模式上有所不同，具象图形一般直接来源于人的生产、生活实际，在人的认知图式中有现成的认知逻辑结构，因此具象图形符号在信息直观理解上有独特优势。从认知机理上说，编码就是将现实世界人们熟悉的、已知的、具体的事物、概念、经验和行为映射到虚拟的信息世界，提高界面承载信息内容的认知效率，减轻用户思维、学习和记忆的负担，但同时不能回避其具有意义不可扩展、信息量有限等不足之处。

常用的具象图形符号编码一般有写实和隐喻两种手法。写实手法一般是对客观指称对象的形象进行具象直接表现，以刻画指称对象的典型和关键特征。隐喻手法则通过映射，把客观对象的"物理属性"及其"性能表现"匹配到虚拟信息世界。具象图形符号编码，在系统性能和技术条件允许的情况下，应加强符号的立体化表现，如通过在数字模拟具象立体图形上添加阴影，能有效地帮助用户快速识别具象图形符号的空间关系，建立符号的三维感知，提高识别性。特别是对于焦点对象，其与背景的明暗差别、阴影关系是区分两者的关键。另外，对具象图形符号纹理、材质的表现，如对金属、塑料、高光、亚光等材质的刻画，以及对前景色与背景色色彩亮度差的处理，都能有效加强具象图形符号编码的表现力和认知效果。图5-19为智能电饭煲的交互界面图形符号编码，各类米饭的蒸煮方式、预约功能都用具象的图形符号来表示，表达直观，形象生动，易于理解。

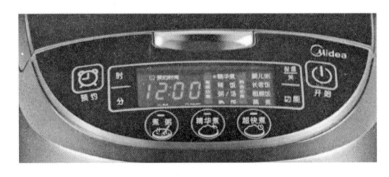

图5-19 智能电饭煲交互界面的图形符号编码

2. 抽象图形编码

字符、具象图形符号虽然存在易于辨认的优点，但同时也存在信息量小，信息意义局限于现实世界、意义的扩展能力有限等先天劣势。对于一些现代工业控制、交通管理等复杂人机交互系统，由于系统原理的深奥性、专业性及信息量大等信息特征，文字、数字和写实图形、隐喻图形等编码方式存在局限性。以理性、秩序和简洁的抽象图形表达信息的内容和特征，能提高用户的认知速度和正确率。影响抽象图形符号编码的要素一般分为形状、数量、尺寸与方向四个类别，如表5-5所示，不同形状的抽象符号能够表达不同的信息含义，圆圈可以表示某个位置点、矩形可以表示某个区域、箭头可以表示运动方向等。抽象图形符号数量的增减可以指示客观对象程度的增长与衰退，而符号的尺寸和方向变化，也能映射客观对象的变化规律和趋势。

表5–5　抽象图形的影响变量

变量	符号表现		
形状	▢	○	⇨
数量	○	○○	○○○
尺寸	○	○	○
方向	⇦ ⇧⇩ ⇨		↺ ↻

因此，设计师在进行抽象图形符号编码时，应充分考虑目标用户的认知能力和认知经验，将需要表达的语义用合适的形状、尺寸、数量以及方向的抽象图形来表示，减轻用户的认知负担，提高认知效率。图 5-20 是苹果公司推出的一款名为 iPod shuffle 的产品，在它的交互界面设计中，就运用了抽象图形符号编码，用抽象图形符号表示歌曲的暂停和开始功能切换操作，用加号和减号表示音量的升降，利用不同方向的组合图形符号表示切歌的顺序。并且正方形隐含了便携的"口袋式"含义、圆形操控区映射了传统的"碟片"形式，整体抽象图形符号编码简洁清晰、指示性强、内涵丰富，对用户认知和用户体验等有积极作用。

图5-20　iPod shuffle的抽象图形编码

（八）声音符号编码

设计师可以根据不同声音表现形式和意义之间的逻辑关系来进行编码，对产品的发声器发出的声音进行编码，传递用户特定的语义。影响声音符号编码的要素主要有三个：音调、响度、音色。声音的高低称为音调，音调取决于声源振动的频率。人耳对声音强弱的主观感觉称为响度，响度跟声源的振幅以及人距离声源的远近有关。声音的品质称为音色，音色主要与发声体的材料、结构、发声方式等因素有关，不同的发声体发出的声音音色一般不同。三要素的组成不同，发出的声音也不一样，用户对它的感受也不同。通常情况下，音调越高，响度越大，对用户的听觉刺激越大，而音色越好，用户对声音的感知越清楚，声音信息接收的效率则越高。因此设计师在进行声音符号编码时，要充分考虑用户的听觉能力、声音符号的传播环境，以及用户认知特征，合理地选择和调整声音的音色、音调及响度，以帮助用户清晰地接收并高效地理解。

声音符号编码方式主要分为两种，一种是指示型语音编码，另一种是提示型声音编码。指示型语音指的是通过发声器发出的语音，即语言的物质表现形式来指导用户操作。图5-21（a）所示的汽车导航仪具有的语音提示功能，就是利用系统发出各种语音提示来指导用户进行汽车的转向、减速等操作。提示型语音指的是利用各种特殊的提示音将产品的状态信息传递给用户。图5-21（b）为洗衣机的提示音编码，当洗衣机开始工作、洗衣状态切换、洗衣任务结束时，都会发出不同音调、音色、响度的提示音，向用户准确地传达相应的信息。这些提示音之间区别较大，用户可以清晰识别。

（a）汽车导航的指示型语音　　　　（b）洗衣机的提示型声音

图5-21　声音符号编码

　　由于用户对产品交互符号的解释具有多样性，所以设计师在进行各种符号形式的意义编码时，需要充分考虑用户群体共性的心理特征、认知规律、心理模式和社会文化背景等，力求符号编码形式与意义结合的交互语义，能够同用户所理解的符号外延和内涵意义达到高度统一。产品交互符号意义传达过程同时也是意义发生形变的过程。尤其是内涵意义的传达过程，很多用户表现出意义解释个体化的倾向，这主要是由于所有的设计师和用户都拥有不同的社会背景和生活经历，表现为独立的个体。因此，设计师在追求用户意义理解的一致性时应有一个合理的尺度，不能生硬地要求设计师彻底地向用户回归，更不能盲目轻信用户能达到理解与解释的完全重合。意义解释个体化倾向不仅是意义形变的原因，而且还是意义创造的内在根据与动力。客观地说，世界上根本就不存在不带任何个人背景的解释和理解。正是解释的个体化倾向，才形成了解释与理解过程中的歧义性，并最终导致了传达过程中意义的生长性和增殖性。特别是在内涵意义的符号编码时，设计师需要考虑用户这种自我解读的模式和发展方向，给用户的情感联想以自我发挥的个性空间。

二、产品交互符号意义编码的语构学规则

　　产品交互符号的语构学规则指的是将单体符号元素（造型、结构、色彩等）以一种内在的规律连接在一起，形成组合符号，并且形成一个合理、有机的符号系统，呈现在产品交互界面上的规则和方法。这往往与符号实体之间的关联

属性和整体属性有关。符号的关联属性指的是符号实体之间的联系以及符号在系统之中的位置，需要进行结构化展现。符号整体包含多个符号实体及其实体间的关联，是一个完整的符号系统，相应编码规则如图5-22所示。

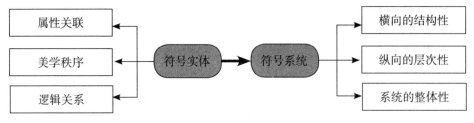

图5-22　符号系统编码规则

（一）组合符号编码

组合符号编码是指运用符号实体属性之间的关联性，将一种或多种不同的单体符号元素组合起来，形成一种组合符号，表达更复杂的意义。比如将造型、结构与材质结合起来，能够突出产品以及局部造型的结构和功能；将材质与色彩以及造型相组合，能够从视觉的角度使用户对不同的造型以及材质进行区分，并起到指示操作的作用；将字符与图形编码相结合，能够更加清晰地表达功能含义；将图形和色彩、光感组合在一起，可以更加生动地表现图形的意义，而随着色彩和光感的变化，其含义也会发生变化，等等。

组合符号的编码是利用符号单体之间的关联属性进行结构化编码，这既是用户认知的需要，符合用户的整体认知特征，有利于用户对符号意义和交互信息的整体掌控和逻辑认知；也是美学秩序构建的需要，是交互符号艺术化编码的必然结果。组合符号编码应把握两个要点：一是编码应实现符号信息结构秩序化，即对符号信息进行有效分类、组织、精简和管理；二是对符号信息载体——单体符号元素进行结构化呈现，使之能够重点突出、层次分明、结构清晰、认知高效。总之，在进行组合符号编码时，需要考虑组合符号的形式与意义之间的逻辑关系，并依据用户的认知经验和能力范围，将逻辑关系秩序化、结构化呈现，以正确、高效地表达交互语义，减轻认知负荷，增强多通道交互体验等，激发用户良好的情感反应。

（二）符号系统编码

符号系统编码不仅考虑符号实体之间的逻辑关系，还需要考虑符号实体在产品交互符号系统中的作用、位置、层次，以及与用户的关系等，符号系统编码的目的是构建充满生机、人机和谐的界面系统，即生态界面。

在产品交互符号的系统编码中，不能简单地把个别符号的意义表达等同于整个产品交互设计符号系统的编码，每个单体符号语言都会在符号意义系统中形成自身价值，不同部件的符号元素组合构成了设计的语汇，而后这些语汇要素按照产品各类功能目的、创意概念、美学观念、意义目标、与人的关系、社会特征等规范秩序联结成前后、上下、左右、内外，互为依托的整体。总的来说，符号系统编码主要体现在三个方面，一是横向的系统布局设计，二是纵向的系统层次设计，三是交互符号系统的整体性设计。

1.产品交互符号系统的布局设计

一般来说，产品交互符号系统的布局设计一般体现在产品交互界面上，一个好的布局应该是首先能够在恰当的时间、正确的位置提供合理的交互信息。在界面的视觉中心区布置具有重要功能操作意义的交互符号；符号之间的位置关系应该体现出正确的交互流程；应该通过间距、分区、造型统一等编码方式快速地引导用户正确地理解界面中对象之间的关系，提高用户交互效率。

以图5-23所示的汽车交互界面符号系统为例，横向布局主要包括以下步骤：

图5-23　汽车交互界面符号系统

a. 在设计之初要根据交互操作的需要进行功能分区，将具有同类操作性质的符号成组，在界面上呈现出一个大小、形状、位置界定清晰的区域。比如说仪表盘指示区域、娱乐系统按键区域、脚踏板区域等。在这个过程中要考虑汽车的工作原理，以及用户已有的操作习惯和交互经验等。

b. 分析汽车交互符号系统所依托的内部构件结构（如变速箱系统）在车内的位置，结合人体的生理特点（视觉中心区、左右手协调位置），确定各类功能区的大致位置和方向。布局形成的操作流程同交互操作次序必须一致，一般是人运动的习惯性方向，如从上到下、从左至右。这里的操作次序还涉及具体的任务操作。

c. 再根据用户群体具体的身体尺寸及感知能力，对各功能分区的交互符号的具体位置以及它们之间的尺寸距离等进行详细设计。在这一过程中，需要突出一些重要、交互频率高的功能区域符号，比如变速杆、手刹、各类踏板以及仪表盘等需要布置在显眼且易于操作的位置，它们之间的距离也要在一个合适的范围内。

d. 布局还可能同交互任务的空间属性，包括大小和方位等一致。因此，布局不仅是功能区、元素在界面上位置、形状、大小的视觉、触觉等感知觉表现，更是交互任务逻辑外化的过程。

2. 产品交互符号系统的层次设计

在产品交互符号系统的编码设计中，不仅要关注各类功能符号的横向布局，还需要进行符号系统纵向的层次设计。符号系统的层次设计指的是在各个功能分区内具有上下级或是并列关系的符号，需要按照不同的编码规则进行设计。

a. 上下级关系指的是一类符号的功能操作是激发另一类符号的先决条件。如图5-24，在汽车交互界面系统中，汽车危险报警闪光灯的按钮和按钮灯光符号、各类脚踏板和仪表盘上的各类指示符号等，它们之间都有清晰的层级关系。在针对此类符号关系进行编码时，应当遵循先后顺序，使两者的功能形式具有一定的对应，且具备优良的"相合性"，能够形成良好的操作—反馈循环模式。当按下报警闪光灯的按钮时，按钮的危险报警符号也会随之发出红色的光，当再次按下按钮时，红色的亮光熄灭。

b. 并列关系的符号是指在功能操作上属于同一层级的符号。针对此类符号的编码规则主要是此类符号需要一定的区分度，它们的功能操作具有一定的逻辑顺序，且不能同时发生。如图 5-25 所示，汽车变速杆不同挡位的符号就属于并列符号，不同功能的挡位需要经过一定的操作顺序才能完成，不同挡位的位置和内部结构不一样，人们通过视觉或触觉可以辨别出不同挡位，当需要变换成另一个挡位时，需要通过操作取消此时的挡位状态。

图5-24 汽车危险报警闪光灯及仪表盘符号表现

图5-25 变速杆符号表现

3. 产品交互符号系统的整体性设计

一个好的产品交互符号系统除了可以向用户传达必要的功能指示、交互信息之外，还应具有一种整体风格，给目标用户良好的情感体验。一是界面符号系统的编码需要遵循统一与变化的基本形式美法则。统一与变化是相对而言的，统一是指交互界面符号编码需要强调界面的整体形象、整体风格，着眼于共性特征；变化则需要在局部突破，寻找差异区别，形成感知觉的跳跃。汽车交互界面系统的符号就具有统一和变化的视觉特征，系统整体的色彩采用银色、酒红色和黑色，给用户一种高贵典雅的感觉。对于车载空调的出风口和各类按键，都采用银色装饰,这便是统一;在方向盘的不同位置,需要用银色和黑色区分开,且材质也不同,给人的触觉感受也不同,这便是变化。二是对称与均衡也是界面系统常用的、具体化的形式美构建方法,它有助于达成整体风格的统一。对称给用户稳定和秩序感,均衡是在不规则性和运动感上的动态平衡。界面布局中要注意把对称、均衡两种形式有机地结合起来加以灵活运用,但一定要注意不能造成局部符号堆积。如图 5-25 所示,汽车交互界面娱乐系统的按键设计,就具有对称的美感,各个按键和它们之间的距离大小也都一样,显得和谐、平衡、统一。

三、产品交互符号意义编码的语用学规则

语用学研究产品交互符号在具体的使用语境中的形式与意义之间的变化关系。对于产品交互符号而言,用户在与产品具体交互过程中,不同的语境会影响用户对符号的认知和理解,并使用户产生不同的情感反应,继而影响用户与产品的交互过程和交互评价。影响用户感知、理解、使用和交互的语境主要有社会文化、群体层次和使用情境三个方面。

(一)社会文化

不同的社会文化影响着用户的认知,使用户对交互符号的理解也会有所差异。导致用户社会文化差异的主要原因是用户所处的地理区域不同,自然条件不同,社会历史、意识形态也不同,不同用户对某些类型的符号会产生各种不同理解。就产品交互符号而言,不同的用户对意义理解的偏差,可能会导致其操作产品失败并且产生不良的情感反应。如产自上海的"白翎"钢笔,在销往欧美国家时,遭遇惨败,主要是因为钢笔的正面印的名字是"white feather",在英语国家中,这个词表示临阵脱逃的含义,象征胆小鬼。正是由于这个原因,欧美用户的情感体验降低,销售失败。

(二)群体层次

然而,由于用户群体社会层次的不同,即使处于相同的社会环境,不同用户文化教育水平、精神文化需求等也大为不同。这些影响因素很容易导致用户

对交互符号意义理解的偏差，尤其是符号的内涵意义。比如高薪的白领人群、大学教授等社会文化层次较高的人群，除了对产品功能、操作易达性的需求，还希望产品交互符号能够符合他们的更高层次的情感需求。因此针对此类用户人群的产品交互符号编码设计要尽可能激发用户的高层次的情感体验。而对于学生群体而言，产品交互符号要尽可能明确地表达各项功能操作的指示，并且易于理解记忆，使其对使用者造成的认知负担较小。而对于儿童群体而言，儿童本身的感知和认知能力都较为有限，因此对符号外延及内涵意义的理解也很有限。在针对儿童群体的产品交互符号的设计中，应当充分考虑儿童的感知、认知能力和生理、心理特点进行符号编码，如图5-26（a）所示的儿童餐具的设计，运用不同的、可爱的卡通造型符号来吸引儿童的注意力，配合多种鲜艳的色彩来刺激儿童的视觉神经，使其对餐具充满兴趣，再在筷子上设计符合儿童生理尺寸的圆环，辅助儿童使用筷子。除此之外，轻盈的塑料材质也使手部力量不足的儿童能够轻易使用筷子。这些交互符号设计提升了儿童的各类体验，增强儿童的进食欲。对于成人的餐具符号设计，则致力于激发用户更高级的使用感受和文化联想，如图5-26（b）所示的成人餐具，给人一种典雅的文化感受，部分材质采用不锈钢，既能表达时尚和卫生的感觉，也使人们在触觉上有良好的感受，符合成人的生理、心理特点，触发优良的用户体验。

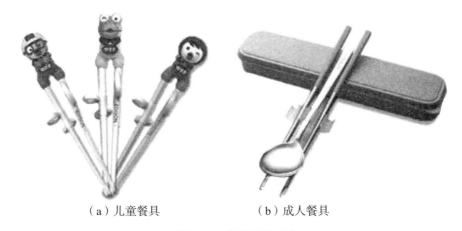

（a）儿童餐具　　　　　（b）成人餐具

图5-26　餐具符号对比

（三）使用情境

即使地域相同、用户群体相同，不同用户个体的不同使用情境对产品交互符号的理解和需求也会有差别。因此在进行符号的编码设计时，应当针对特定的用户，尽量使编码符号符合用户所处的不同状态，使用户具有更佳的操作和情感体验。

第六章　交互展示设计的技术

2010 年上海世博会的主题是"城市，让生活更美好"，每个展馆都围绕这一主题展示了人文、科技方面所取得的最新成就，世博会中展馆和展品的设计各具特色，很多展馆的展品都采用了先进的交互展示技术。如德国馆的"动力之源"、浙江馆的"宛若天成"、英国馆的"欢聚"等。从场外排队的人数来看，这些作品的受欢迎程度可见一斑。各国都运用了各种表现形式，追求艺术的表达效果，传递主题的意义和深度，打开国界大门展示不同人种、不同民族的观念和对美好事物的共同向往。这些会展吸收和应用了在当时最先进的科技表现手法，在一段时间内引领着交互展示行业的进步和发展。

交互展示设计定义和设计了人造系统行为的方式。常见的交互展示设计的载体有系统软件、移动设备、人机界面、可佩戴设备以及智能虚拟现实设备等。交互展示设计在于定义人的行为方式，即人在特定场景中的交互模式。近年来交互展示的技术飞速发展，各种交互展示手段也在不断创新与迭代，如虚拟现实技术、增强现实技术、感应式交互、语音识别、机器视觉、眼动跟踪、脑波交互等。下面我们了解一些常见的交互展示设备和技术。

第一节　交互展示的技术类别

交互展示设计的技术应用广泛，涉及的技术众多。我们怎样从各种各样的展示方式上学习它们是如何创意的呢？每个交互展示作品的核心都是为了表现其内容。我们可以先将展示的内容做一个简单的分类，交互展示设计作品大致可以分为:实物展品和虚拟展品。实物展品有牙刷、书籍、游戏机、汽车、手机、房子、装修等，所有商家想要宣传的产品都属于实物展品；虚拟展品一般会着重解决空间距离或者无法真实操作的难题，如虚拟旅游、虚拟飞行驾驶、企业整体形象宣传、异地空间场景、游戏产品、手机应用、艺术实验等。当然您还可能举出一大堆的例子，但我们这里主要不是讨论这些展品是什么，而是需要解析这些展品的展示方式和其应用的技术类别。我们了解了这些需要展示的物品之后，再来讨论其应用的展示技术就有了一定的基础。

一、基于界面的展示

所谓界面类的交互展示是指应用屏幕的显示和交互来完成展示效果，如电脑、iPad、智能手机、电视、车载屏幕等。电脑中的交互展示已经不算新鲜的展示技术了，但这些展示方式仍然在不断地更新和发展，其中最典型的交互展示方式就是网站和移动应用。

1. 网站

1990 年 12 月 20 日，来自欧洲核子研究中心的科学家蒂姆·伯纳斯·李在瑞士的研究中心启动了世界上的第一个网站。最初网站只能简单地显示文字，远远不能满足我们的交互展示需求，今天我们看到的网站不仅能够显示文字、图片、视频、声音，还能够解决娱乐、游戏、生活、购物等一系列需求。网站的技术原理并不复杂，网站分为服务器端和客户端，由客户端发送请求然后通过网络协议将请求发送给服务端，服务端得到正确的请求后会立刻反馈一些信息并显示在客户端的电脑上。以上就是网站的核心原理。网站的技术纷繁复杂，网站技术分为前端技术和后台开发技术。前端技术包括 html、css、javascript、jQuery、ajax、ui 设计等，后台开发技术分为 asp、php、jsp、node.js 等。此外还有动画类型的网站，其一般由 flash 或 html5+js 技术实现。

2. 移动应用

苹果第一代智能手机 iPhone 由时任苹果公司首席执行官史蒂夫·乔布斯在 2007 年 1 月 9 日举行的 Macworld 上宣布推出，2007 年 6 月 29 日在美国上市。以至于在其后的大部分手机，都是以模仿或者追赶 iPhone 为目标。因为 iPhone 实在是太完美、太风靡了，这就造成了如今智能手机同质化严重，有句话叫作

"现在市面上只有两种手机，一种是 iPhone，另一种长得像 iPhone"。的确，苹果智能手机和它所配备的 APP 应用市场使移动应用得到飞速的发展，传统的屏幕交互作品一下子变得多样起来，究其原因其实是移动端软件的开发变得更加简单，同时手机所集成的交互器件更多，如方向陀螺仪、重力感应器、GPS 卫星定位、麦克风、摄像头、光线感应等。开发技术人员能够轻松地调用手机中的元器件进行交互设计。目前主流的移动应用技术开发可以按照其开发平台分为 iOS（苹果系统）和 Android（安卓系统）。交互展示技术基于这些技术红利也得到了前所未有的技术发展，利用这些智能终端可以开发出更加具有技术含量、更加富有艺术创新的交互展示作品。

3. 智能电视

智能电视，是具有全开放式平台，搭载了操作系统，用户在欣赏普通电视内容的同时，可自行安装和卸载各类应用软件，持续对功能进行扩充和升级的新电视产品。智能电视能够不断给用户带来有别于使用有线数字电视接收机（机顶盒）的、丰富的个性化体验。智能电视作为屏幕类中的"大象"级的设备，在家庭娱乐中承担着重要的角色，现在的游戏设备和电脑应用以及移动应用都在抢占家庭电视的地位，可以说我们现在的智能电视已经逐步取代了传统的电视，从广播模式逐渐地向点播模式发展，用户希望看什么样的节目只需要手中的遥控器即可完成，还可以购买电视盒让您的传统电视变为智能电视，拥有点播和娱乐游戏的功能，同时有的智能电视自带摄像头、蓝牙、Wi-Fi，具有 USB 接口，能够上网，使电视和电脑的概念越来越模糊，可以说现在的智能电视就是大屏智能电脑。基于这样的原因，很多商场通过智能电视来展示其商家的具体信息，通过互动电视大屏可以点击了解商家的具体位置、今日活动、商场的配套公共设施位置以及使用方法。交互展示在这样的环境中其受众更为直接，传达效果也比较快捷和方便。

4. 数字投影

投影机自问世以来发展至今已形成三大系列：液晶投影机、数字光处理投影机和阴极射线管投影机。数字投影主要是指数字光处理投影机，它的原理是将灯泡发出的光分解成 R（红）、G（绿）、B（蓝）三种颜色（光的三原色）的光，并使其分别透过各自的液晶板（HTPS 方式）赋予形状和动作。由于经常投射这三种原色，因此可以有效地使用光显现出明亮清晰的图像。采用数字光投影方式的投影机有着图像明亮自然、柔和等特点。由于使用三个 LCD 显示颜色，因此能再现不伤眼睛的图像。

数字投影展示一直都是展示设计的重点，在商场、学校、广场等各种场合发挥了重要的作用。除了普通的数字光处理投影机外，在展示设计或艺术创作中对投影的方式和技术有了进一步的需求，而能够满足这一需求的投影技术就是全息投影技术。全息投影技术也称虚拟成像技术，是利用干涉和衍射原理记录并再现物体真实的三维图像的技术。1947 年，匈牙利裔英国物理学家丹尼斯·盖伯发明了全息投影术，他因此获得了 1971 年的诺贝尔物理学奖。其他的一些科学家在此之前也曾做过一些研究工作，解决了一些技术上的问题。全息投影的发明是盖伯在英国 BTH 公司研究增强电子显微镜性能手段时的偶然发现，而这项技术由该公司在 1947 年 12 月申请了专利。这项技术从发明开始就一直应用于电子显微技术中，在这个领域中被称为电子全息投影技术，但是全息投影技术一直到 1960 年激光的发明才取得了实质性的进展。美国麻省一位 29 岁理工研究生发明了一种空气投影和交互技术，这是显示技术上的一个里程碑，它可以在气流形成的墙上投影出具有交互功能的图像。此技术来源于海市蜃楼的原理，将图像投射在水蒸气液化形成的小水珠上，由于分子振动不均衡，可以形成层次和立体感很强的图像。另外还有激光束投射实体的 3D 影像技术，这种技术是利用氮气和氧气在空气中散开时，混合成的气体变成灼热的浆状物质，并在空气中形成一个短暂的 3D 图像。这种技术主要是通过不断在空气中进行小型爆破来实现的。

二、虚拟展示

1. 虚拟现实

虚拟现实技术也称 VR 技术，就是利用数字设备或科学技术将现实的世界虚拟出来，其实很多游戏就是一种虚拟现实的作品，玩家控制的主角在虚拟的世界里完成各种各样的任务，角色中的动作或者任务有些是根据现实编写的程序，有些则是设计师创意出来的。现如今我们提到虚拟现实大都脑海中会出现一个玩家头戴一个巨型眼镜在空无一物的空间中动来动去，这样的画面就是虚拟现实留给人们的直接印象。其实虚拟现实不仅仅是刚才的展示场景，它可以采用更自然的人机交互方式来控制作品的输出状态。受众感到作为主角存在于模拟环境中的真实程度是检验好的虚拟现实的重要方法。理想的模拟环境应该达到使用户难辨真假的程度。艺术家通过视频界面进行动作捕捉，存储访问中的行为方式，同步输出增强的现实效果或处理过的虚拟影像，将数字世界和真实世界结合起来，受众可以通过自身的动作控制投影的内容。虚拟展示的应用除了利用上文介绍的技术原理外，还可以利用多感知性原理创作出更加独特的艺术作品。感知性是指除了计算机的视觉感知外，还具有听觉感知、触觉感知、运动感知，甚至还包括味觉感知、嗅觉感知等。理想的虚拟现实展示方式应该具有一切人所具有的感知功能。

2. 增强现实

增强现实顾名思义就是对现实世界的一种增强效果，它是将真实世界信息和虚拟世界信息"无缝"集成的技术。这种技术于 1990 年提出，是把原本在现实世界的一定时间、空间范围内很难体验到的实体信息（视觉、声音、味道等信息），通过电脑等科学技术，模拟仿真后再叠加，将虚拟的信息应用到真实世界，被人类感官感知，从而达到超越现实的感官体验。试想一下您通过输入设备如玩具枪对着自己家房间的墙壁扫射，以打败从墙壁上虚拟裂缝中跑出来的"异次元空间的怪物"。增强现实应用实时地计算影像位置及角度并加上相应图像处理，目标是在现实介质中把虚拟世界与现实世界混合并进行互动。真实的环境和虚拟的物体实时地叠加到了同一个画面或空间。随着科技的进步和计算机运算能力的提升，不久的将来增强现实的用途将会越来越广。

第二节　常用交互设备

原始人为了更好地彼此沟通，发明了语言。语言是为了满足交际和交流思想的需要，在劳动过程中产生并得到发展的。现在我们的国际交流还需要学习彼此可以理解的通用语言才能够比较方便地交流。在计算机世界中根据科技的发展和人类的需求，与计算机的交流也逐渐多样起来。这些交流的道具可以简单地分为信息的输入设备和信息的输出设备。在交互展示设计中除了创意和设计以外，其中最重要的信息传达部分就是靠这些设备。当然并不是所有的作品都会遵循这个使用规律，部分作品因表达方式独特，创作者也会根据自身的能力或者资源创造出新的表达设备，这样的 DIY 设备我们就不展开论述了。我们将带领大家了解常用的交互设备，目的是希望读者能够了解这些设备的通信原理，为以后交互展示设计提供多种表达思路，为自己的创意设计增光添彩。

一、输入设备

顾名思义，输入设备就是用来将信息传入系统，让电脑或者其他的交互设备做出相应的反应的外接设备。如输入一本书的文字让电脑存储起来，还可以移动鼠标点开一张自己拍摄的风景照片，这时您突然想起昨天答应跟朋友在互联网上语音聊天，您需要将麦克风插入电脑，打开语音聊天软件，开始你们的对话，而您的朋友说好长时间没有见您，想看看您现在的样子和您居住的环境，于是您启动摄像头让自己的笑容通过摄像头传递过去。这些都是我们日常生活中最常用的一些电脑外接设备，其主要是用来输入数据，下面我们就来一起了解它们。

1. 键盘和鼠标

键盘是最常用也是最主要的输入设备，通过键盘可以将英文字母、数字、标点符号等输入计算机中，从而向计算机发出命令、输入数据等。键盘的按键数曾出现过 83 键、87 键、93 键、96 键、101 键、102 键、104 键、107 键等。

104 键的键盘是在 101 键的键盘的基础上为 Windows 9.XP 平台增加了三个快捷键（有两个是重复的），所以也被称为 Windows 9.XP 键盘。但在实际应用中习惯使用 Windows 键的用户并不多。107 键的键盘是为了贴合日语输入而单独增加了三个键。在某些需要大量输入单一数字的系统中还有一种小型数字录入键盘，基本上就是将标准键盘的小键盘独立出来，以达到缩小体积、降低成本的目的。常规的键盘有机械式按键和电容式按键两种。在工控机键盘中还有一种轻触薄膜按键的键盘。机械式键盘是最早被采用的结构，一般类似接触式开关的原理使触点导通或断开，具有工艺简单、维修方便、手感一般、噪声大、易磨损的特性，大部分廉价的机械键盘采用铜片弹簧作为弹性材料，铜片易折易失去弹性，使用时间一长故障率升高。电容式键盘是基于电容式开关的键盘，原理是通过按键改变电极间的距离产生电容量的变化，暂时形成振荡脉冲允许通过的条件。理论上这种开关是无触点非接触式的，磨损率极低甚至可以忽略不计，也没有接触不良的隐患，噪声小，容易控制手感，可以制造出高质量的键盘，但工艺较机械结构复杂。还有一种用于工控机的键盘；为了完全密封采用轻触薄膜按键，只适用于特殊场合。

　　键盘的交互应用非常成熟，特殊的键盘也对应使用在不同的场合，如 ATM 机、超市收银台等。那我们可以利用键盘来做些什么呢？让我们想象一下，如果您有一个很好的创意，需要将您的产品变成一款网页小游戏并传播到互联网或者用户的邮箱中，您可以充分地发挥您的才能创作您的网页部分的游戏角色、场景、动画、声音，而不需要考虑您的硬件设备，因为您知道每一个接入互联网的用户都有一个跟您类似的键盘，他们可以按字母键 A 向左移动，也可以按字母键 J 吃掉游戏中的食物，还可以按字母键 E 打开宝箱发现宝藏。可以说键盘是最"古老"且最常用的交互设备了。

　　鼠标是计算机的一种输入设备，分有线和无线两种，也是计算机显示系统纵横坐标定位的指示器，因形似老鼠而得名"鼠标"。而鼠标的发明在某种程度上可以说是用来替代键盘的烦琐输入，最早发明鼠标的时候，没有"鼠标"的名称，这个新型装置是一个小木头盒子，里面有两个滚轮，但只有一个按钮。它的工作原理是由滚轮带动轴旋转，并使变阻器改变阻值，阻值的变化就产生了位移信号，经电脑处理后屏幕上指示位置的光标就可以移动了。太多的历史在这里不再追溯，我们要知道鼠标对于我们创作作品有何帮助：有了鼠标我们的交互行为得到了空前的壮大，没有鼠标的时候我们只能键入字母或数字让电脑做出相应的动作，而鼠标具有一些特有的交互事件类型，如单击、双击、移动、拖拽、滚轮等。当然您还可以在这个基础上创作出更多的交互事件，您可以利用鼠标的滑动轨迹来创意您的交互展示作品。当您在桌面上利用鼠标画出一条直线的时候您可以设置您的屏幕，根据您的鼠标轨迹渲染出一道光效，使作品的交互行为更生动且富有趣味。

2. 麦克风

麦克风，学名为传声器，是将声音信号转换为电信号的能量转换器件，由"Microphone"这个英文单词音译而来，也称话筒、微音器。20 世纪，麦克风由最初通过电阻转换声电发展为电感、电容式转换，大量新的麦克风技术逐渐发展起来，其中包括铝带、动圈等麦克风，以及当前广泛使用的电容麦克风和驻极体麦克风。麦克风是人类使用最方便的、可以用来传递语音信息的通信道具，可以说是语言交互式以后的智能时代交互行为中最为必要且发展空间巨大的一种交互方式。早期的语音交互由于计算机智能化不足，我们只能简单地将用户输入的语言数据加以简单处理，如判断是否在说话、判断声音的大小、音频的高低等。近几年智能语言交互发展空前，现在计算机基本上能够听清楚人们所说的话，不用多久智能语言还会发展出更高的"智商"。到那时我们可以利用方言来交流，也可以利用个人的发音特征做一些语言验证，就像科幻电影中的画面一样，主角坐在一个满是按钮的飞船上，直接对着空气说出启动命令，飞船就听懂了他的语言和所下的命令并为他解锁一些高级权限。

3. 摄像头

摄像头又称电脑相机、电脑眼、电子眼等，是一种视频输入设备，被广泛地运用于视频会议、远程医疗及实时监控等方面。普通人也可以通过摄像头在网络上进行有影像、有声音的交谈和沟通。另外，人们还可以将其用于当前各种流行的数码影像、影音处理。摄像头可分为数字摄像头和模拟摄像头两大类。数字摄像头可以将视频采集设备产生的模拟视频信号转换成数字信号，进而将其储存在计算机里。模拟摄像头捕捉到的视频信号必须经过特定的视频捕捉卡将模拟信号转换成数字模式，并加以压缩后才可以转换到计算机上运用。数字摄像头可以直接捕捉影像，然后通过串、并口或者 USB 接口传到计算机里。电脑市场上的摄像头基本以数字摄像头为主，而数字摄像头中又以使用新型数据传输接口的 USB 数字摄像头为主，市场上可见的大部分都是这种产品。除此之外还有一种与视频采集卡配合使用的产品，但还不是主流。摄像头的分辨率是指摄像头解析图像的能力，也即摄像头的影像传感器的像素数。最高分辨率就是指摄像头能最高分辨图像的能力的大小，即摄像头的最高像素数。现在市面上较多的 30 万像素 CMOS 的分辨率为 640×480、50 万像素 CMOS 的分辨率为 800×600。分辨率的两个数字表示的是图片在长和宽上占的点数的单位，一张数码图片的长宽比通常是 4：3。摄像头在交互展示设计中被比较广泛地使用，人们可以使用一些基于图像处理的技术来实现一些画面感丰富多变的作品。

4. 数位板

数位板，又名绘图板、绘画板、手绘板等，是计算机输入设备的一种，通常由一块板子和一支压感笔组成，它和手写板等作为非常规的输入产品相类似，都针对特定的使用群体。与手写板所不同的是，数位板主要针对设计类的办公人士，用作绘画创作方面，就像画家的画板和画笔，我们在电影中常见的逼真的画面和栩栩如生的人物，就是通过数位板一笔一笔画出来的。数位板的这项绘画功能，是键盘和手写板无法媲美的。数位板主要面向设计、美术相关专业师生、广告公司与设计工作室以及 Flash 矢量动画制作者。

5. 游戏手柄

游戏手柄是一种常见电子游戏机的部件，通过操纵其按钮，实现对游戏虚拟角色的控制。游戏手柄的标准配置是由任天堂确立及实现的，它包括十字键、ABXY 键，选择及暂停键（菜单）这三种控制按键。在 1984 年之后手柄的功能开始日益完善，在 1999 年游戏手柄加入了力回馈和震动等效果，而为了配合电脑的使用，手柄也开始配备了 USB 接口。发展至今，手柄已经能够给玩家带来十分接近真实的游戏感受了，大部分的手柄设计，左边是方向键，右边则为动作键。在 FC 游戏机发行的电子游戏第三世代里，手柄取代了摇杆、键盘等成为系统所包括的默认游戏操纵器。一个具备 8 个方向的方向键和 2 个或以上的行动键的手柄设计成了当时的标准。

6. 体感手柄

体感手柄最为有名的就是 Wii，Wii 是日本任天堂公司于 2006 年 11 月 19 日所推出的第五代家用游戏机，是 NGC 的后续机种。Wii 第一次将体感引入电视游戏主机。Wii 开发时的代号为"Revolution"（革命），表示"电子游戏的革命"。它使用前所未见的控制器使用方法，购买下载游戏软件、生活信息内容、网络的功能等各项服务均为它的特色。

7. 交互传感器

交互感应器件（也称"传感器"），一般原理是利用常见的物理量的变化转化成电信号再输出到可以处理电信号的软件或程序中进行分析和处理。如红外感应器，它是根据红外线反射的原理研制的，红外线发射元件发射出红外线，探测红外线是否受到干扰或阻挡，从而判断前方是否有物体存在，简单的红外感应器触发原理类似于按钮的触发，只有"1"和"0"两个状态。高级一点的红外感应器具有识别距离功能，将探测到的物体和红外线发射器的距离作为信号输入设备中用于交互。日常生活中红外感应常用于智能节水、节能设备。包括感应水龙头、自动干手器、医用洗手器、自动给皂器、感应小便斗冲水器、感应便器等。

其他的传感器原理都差不多，有的是利用施加的外力，有的是利用温度的变化，还有的是利用水的压力、加速度、重力、方向、可见光强度等物理量的变化作为信号输入。我们通常就用这些物理量来直接命名这些传感器，如压力传感器、湿度传感器、温度传感器、流量传感器、液位传感器、超声波传感器、浸水传感器、照度传感器、差压变送器、加速度传感器、位移传感器、称重传感器等。

二、输出设备

输出设备用于接收数据的输出显示、打印、声音、控制外围设备操作等，也用于把各种计算结果数据或信息以数字、字符、图像、声音等形式表现出来。常见的输出设备有显示器、打印机、绘图仪、影像输出系统、语音输出系统、磁记录设备等。

1. 显示器

从广义上讲，街头随处可见的大屏幕、电视机、拼接的荧光屏、手机和车载的显示屏都算是显示器的范畴，显示器一般指与电脑主机相连的显示设备。

对于显示器我们需要了解一些主要参数。

可视面积：液晶显示器所标示的尺寸就是实际可以使用的屏幕范围。通常会用英寸作为单位，如 29 英寸液晶显示器。

可视角度：液晶显示器的可视角度左右对称，一般来说，上下角度要小于或等于左右角度。大部分液晶显示器的可视角度都在 160° 左右。而随着科技的发展，这个数值在不断地变化。

点距：一般 14 英寸 LCD 的可视面积为 285.7 毫米 ×214.3 毫米，它的最大分辨率数值为 1 024×768，那么点距就等于：可视宽度 / 水平像素（或者可视高度 / 垂直像素）。

色彩度：显示器每个独立的像素色彩是由红、绿、蓝（R、G、B）三种基本色来控制的。大部分厂商生产出来的液晶显示器，每个基本色（R、G、B）达到 6 位，即 64 种表现度。也有全彩的画面，也就是每个基本色（R、G、B）能达到 8 位，即 256 种表现度。

对比值：对比值是定义最大亮度值（全白）除以最小亮度值（全黑）的比值。一般来说，人眼可以接受的对比值约为 250 ∶ 1。

亮度值：液晶显示器的最大亮度。

响应时间：响应时间是指液晶显示器各像素点对输入信号反应的速度，此值当然是越小越好。一般的液晶显示器的响应时间在 5 ~ 10 毫秒，而一线品牌的产品中，普遍达到了 5 毫秒以下的响应时间，基本避免了尾影拖曳问题的产生。

2. 投影仪

投影仪，又称投影机，是一种可以将图像或视频投射到幕布上的设备，可以通过不同的接口同计算机、VCD、DVD、BD、游戏机、DV 等相连接播放相应的视频信号。投影仪广泛应用于家庭、办公室、学校和娱乐场所，根据工作方式不同，有 CRT、LCD、DLP 等不同类型。

投影仪在交互展示中的使用比例非常高，一般用在大面积成像或异性成像的作品中。如室内面积 100 平方米以内，显示面积适中，没有日光照射，照明灯光较暗的情况下，可选择亮度 2 000 ～ 3 500 流明的投影机。当环境光明亮，在比较宽敞的地方使用，显示面积很大，则需要选择高显示分辨率、高亮度的投影仪，可以选择 3 000 ～ 6 000 流明的高亮投影仪。

3. 虚拟头盔

小型显示器所发射的光线经过凸透镜会使影像因折射产生类似远方效果，利用此效果将近处物体放大至远处观赏而达到所谓的全像视觉。产生的影像进入偏心自由曲面棱镜面，再全反射至观视者眼睛对向侧凹面镜面，侧凹面镜面涂有一层镜面涂层，反射的同时光线再次被放大反射至偏心自由曲面棱镜面，并在该面补正光线倾斜，到达人们眼睛中，让人们看到一个仿佛在真实世界，但是摸不着的虚拟东西。

4. 智能眼镜

谷歌在 2012 年 I/O 开发者大会上发布了 Google Glass 智能眼镜，当时售价 1 500 美元。谷歌眼镜配备了一个投影显示器、一个能拍摄视频的摄像头，镜框上有触控板。它还带有麦克风和喇叭，各种传感器、陀螺仪，还有多种通信模式。谷歌眼镜使用的原理被称为增强现实技术，其特点是在显示装置上附加了环境信息。除了谷歌眼镜，市面上还有很多其他品牌的智能眼镜，但基本原理和用途都相似。

5. 音箱和喇叭

音箱和喇叭都是声音输出设备。一般的音箱包括高、低、中三种扬声器。音箱是声音输出的最主要的设备。

6. 打印设备

打印机是计算机的输出设备之一，用于将计算机处理结果打印在相关介质上。3D 打印机与传统打印机最大的区别在于它使用的"墨水"是实实在在的原材料，堆叠薄层的形式有多种多样，可用于打印的介质种类多样，从繁多的塑料到金属、陶瓷以及橡胶类物质。有些 3D 打印机还能结合不同介质，令打印出来的物体一头坚硬而另一头柔软。

7. 智能终端

常见的智能终端设备有智能手机、平板电脑、电脑、行车电脑、智能电视、智能游戏机等。它们既有输入设备又有输出设备。例如，一部苹果手机除了电池和主板外还具有交互功能的虚拟键盘、按钮、显示屏、摄像头、麦克风、亮度传感器、重力传感器、方向陀螺仪、指纹识别元件、压力传感器、无线 Wi-Fi、蓝牙等。这些整合的硬件可以轻松地通过特定计算机程序调用，交互设计师往往只需要输入一些代码就可以完成一件非常酷炫的作品。

8. 其他展示设备

常用的特殊展示设备一般用于展馆或者商业展示。

360 度全息影像也被称为三维全息影像、全息三维成像、全息金字塔，它是由透明材料制成的四面锥体，观众的视线能从任何一面穿透它，通过表面反射原理，观众能从锥形空间里看到自由飘浮的影像和图形。四面视频成像将光信号反射到这个锥体中的特殊棱镜上，汇集到一起后形成具有真实维度空间的立体影像。

内投球技术是一种新兴的展示技术，它打破了以往投影图像只能是平面规则图形的局限。内投球幕的屏幕是一个球形的背投影屏，放置在球幕内部的投影机把图像投射到几乎整个球形屏幕上，观众可以看到整个球幕上布满了图像。内投球幕既可以播放专门制作的视频，也可以播放普通的视频和电影。

相反，外投球则是通过四台投影机从四个方向从外部对球幕进行投影，通过边缘融合技术创造出球形无缝逼真画面，可以做到画面不变形、画质清晰、色彩艳丽。将外投球悬挂在大厅中，即可营造出超炫动感的视觉效果。

第三节 常用交互技术简介

交互展示的具体实现往往离不开交互技术，而交互技术对于本书而言短短的一个小节的篇幅是没有办法做到翔实的解答的。对于交互技术我们也没有必要全面地学习完毕再去构思作品，往往这个过程是相反的，我们提出交互展示方案后继而搜寻相应的展示技术，如果您对其中的技术比较陌生可以试着寻求外界帮助或者选择自己研究，无论哪一种方法，最终的目的都是实现我们的设计构想。交互展示作品的内容大多需要跨专业或者用到多种学科领域的知识，根据一些作者经验，我们在学校中学习到的一些专业基础知识显得非常重要。如果您的专业技术学习得比较好，那么我们在思考交互展示设计的时候就能够帮助我们想到更多解决问题的途径。同样要说明的是一个创作的作品可以用多种技术呈现。根据自己或团队擅长完善设计方案的时候就应该考虑最后使用的技术。那么在这里我们将带领大家了解一些基本的技术思路和实现办法。

在笔者看来，本书的针对人群是对艺术和数字技术有一定基础的同学，如果您恰巧只是想了解交互展示的作品，那么笔者建议您跳过本节直接阅读下面的内容，如果您的时间还比较充裕，那么跟着我们一起来学习这一节的内容也没有什么损失，我们常说"技多不压身"，在这里我们可以了解到交互展示的常用技术的实现方法和思维方式。

一、Flash 交互技术

使用 Flash 作为基础的交互实现技术有着很大的优势，国内大多数艺术院校都开设过 Flash 软件课程，对于艺术学生而言，Flash 可能是他们掌握的第一门涉及交互技术的软件。这里需要在您了解 Flash 的一些基本软件的基础之上才能更好地理解和学习 Flash 相关技术，我们假设您已经学习过 Flash 基础，知道什么是"帧""时间轴""库面板"等软件基础。

　　首先我们了解一下 Flash 的交互语言 Action Script。Action Script（简称 AS）是由 Macromedia（现已被 Adobe 收购）为其 Flash 产品开发的，最初是一种简单的脚本语言，现在最新版本 Action Script 3.0，是一种完全面向对象的编程语言，功能强大，类库丰富，语法类似 JavaScript，多用于 Flash 互动性、娱乐性、实用性开发，网页制作和互联网应用程序开发。对于 Action Script 语言我们需要了解两个版本中的至少一个，它们根据发布的版本被命名为 Action Script 2.0 和 Action Script 3.0。这里我们不深入探讨关于以上两个版本的异同，大家可以在互联网搜索引擎中很容易就找到这些内容。但在这里要总结一下：Action Script 2.0 比较适合艺术生使用，因为其语法使用相对简单，对动画帧和时间轴的控制也比较"自由"。在这里特意对自由加注引号，是因为笔者在长期的艺术教学中了解到大多数艺术生软件基础薄弱，感性思维比较突出，对于计算机编程课程比较害怕、信心不足，学校所开的课程中也很少有深入的计算机语言课程。所以您如果也是这样，那么建议您可以拿一些简单的入门书籍操练一下，那么您的自信心会有所提高，因为 Action Script 2.0 编程较容易上手。Action Script 3.0 是 Adobe 设计的一门全新的语言，它的编程方式更加接近 Java 和 C 语言，所以如果您恰好喜欢编程或者有编程基础，那么建议您学习这个更新的版本，因为它能够提供更多的技术支持，有更多的功能供您调用，还有很多别人写好的插件或者 API 供您使用。

　　技术是为了我们的设计主题服务的，下面我尽量用设计者的思维逻辑来思考技术的实现方式。下面我列举一个非常简单的鼠标交互动画，暂且给它起一个名字叫"跟随的蝴蝶"。

　　首先我们在脑海中呈现一个画面，一只空中翩翩起舞的蝴蝶跟着我们操作的鼠标慢慢地移动过来，我控制着鼠标让蝴蝶跟着我们的鼠标缓缓地飞过来，最后停留在我不动的鼠标上轻轻地扇着翅膀。

　　好了有了这些设计的"草图"，下面需要思考怎样实现最后的作品。我想应该分步骤地写下我需要准备的材料和我需要哪些软件进行操作。

　　第一步我需要一只蝴蝶，第二步我需要将蝴蝶做成扇动翅膀的动画元件（也叫影片剪辑），第三步我需要编写蝴蝶运动的动画也就是需要为蝴蝶添加动作。

对于前两步我假设您已经学过基础软件课程，这些对您来说小事一桩。

接下来我们回到场景当中，将"背景"放在"蝴蝶"的下面一层，并用选择工具选择蝴蝶，再到属性面板中修改实例名称为"hudie"，注意这一步非常重要，实例名称是动作驱动蝴蝶的唯一途径，记住不要用中文名，因为中文名在动作面板中会使动画失效，所有的准备工作都已经就绪，下面就是书写动作代码，点击时间轴第一帧为动画配置相应的动作。

在书写动作的时候我们需要了解计算机对动作是自上而下来读取的，我们需要为动作划分步骤。首先我们需要知道鼠标的位置，暂且叫它"mouse"。对于鼠标的位置获取我们需要两个量来定位，一是横向的轴，二是纵向的轴，这个类似我们高中几何中的平面坐标系，一个 X 轴，一个 Y 轴。我们也给它一个代号"_ xmouse"和"_ ymouse"。下面我们还需要知道蝴蝶的位置，我们叫它"hudie. _ x"和"hudie. _ y"。

以上四个量就是我们所有的已知条件。

下面我们需要将蝴蝶和假想的鼠标的位置构建一个直角三角形，而且需要用到一些高中的几何知识来解决一些实际的问题。

我们需要计算得到三个距离量。如 dx、dy、d。

根据计算得出 dx = _ xmouse-hudie. _ x，dy = _ ymouse-hudie. _ y。

根据勾股定理可以得出 d 的距离。$d = \sqrt{dx*dx+dy*dy}$。最后我们将这些计算不断地刷新，每次都用新的鼠标位置和蝴蝶的位置来计算。

那么我们看一下完成后的计算机代码：

```
onEnterFrame = function (){
    dx = _xmouse - hudie._x;
    dy = _ymouse - hudie._y;
    d = Math.sqrt(dx * dx + dy * dy);
    hudie._x += dx / 16;
    hudie._y += dy / 16;
};
```

怎么样？发布您的动画让蝴蝶随着您的鼠标起舞吧！

以上我们带领大家一起领略了 Action Script 2.0 的脚本编写模式，如果您打算进入 Flash 高级阶段，那我们最好还是了解一下更高级的 Flash 脚本语言——Action Script 3.0。

首先，Action Script 3.0 的脚本编写功能超越了 Action Script 的早期版本。它旨在方便创建拥有大型数据集和面向对象的可重用代码库的高度复杂应用程序。其次，Action Script 3.0 使用新型的虚拟机 AVM2 实现了性能的改善。Action Script 3.0 代码的执行速度可以比旧式 Action Script 代码快 10 倍。做好心理准备我们就开始领略 Action Script 3.0 的交互世界。

Action Script 3.0 的脚本模式是面向对象的一种编程模式，所有的功能全部整合到对应的类中，然后通过类的不同方法实现交互。Action Script 3.0 的脚本可以写在 Flash 时间轴的帧上，也可以写在单独的文本文件中（扩展名为".as"的文本文件）。

打开 Flash 软件新建 Action Script 3.0 文件，保存文件名为"Graphics Example.fla"，然后在属性面板中找到类的文本框输入 Graphics Example（名称要与文件名一致）。

接下来再新建 Action Script 文件和 fla 文件保存在同一目录下，并命名为"GraphicsExample.as"。

输入以下代码：

```
package {
//以下 import 开头的语句都是为了导入在脚本中使用到的对象类
    import flash.display.DisplayObject;
    import flash.display.Graphics;
    import flash.display.Shape;
    import flash.display.Sprite;
    import flash.events.MouseEvent;
    public class GraphicsExample extends Sprite{
        private var size:uint = 200;//定义最大的画笔
        private var line_Color:uint = 0xffffff;//数值最大的颜色"白色"
        private var isstart:Boolean = false;//用来判断是否开始绘制
        public function GraphicsExample(){
    stage.addEventListener(MouseEvent.MOUSE_DOWN,mouse_down);
//给舞台增加鼠标按下事件
        stage.addEventListener(MouseEvent.MOUSE_MOVE,mouse_move);
//给舞台添加鼠标移动事件
        stage.addEventListener(MouseEvent.MOUSE_UP,mouse_up);
//给舞台增加鼠标释放事件
                this.graphics.clear();//清除画板
        }
        private function mouse_down(event:MouseEvent):void{
            isstart = true;//开启绘制
            this.graphics.moveTo(mouseX,mouseY);//移动画笔到当
前鼠标位置
        }
        private function mouse_move(event:MouseEvent):void
        {
            if (isstart)//如果开启绘制则运行以下脚本
            {
    this.graphics.lineStyle(size * Math.random()+2,line_Color * Math.ran-
```

    大功告成,可以运行您的交互动画了。您可以尝试修改变量"size"和"line
_ Color"的值看看,您一定会很惊讶,但需要说明的是 line _ Color 必须要给
一个 16 进制表示的颜色值,如"0x00ff00"。

二、Processing 交互技术

作为交互展示技术，Processing 是目前最为简洁的脚本语言，而且 Processing 就是为了设计师而创造的，它的简洁而美丽的表达方式令许多设计师投身其中，也因此在短时间内得到了行业内很多交互设计师的青睐，下面我们就一起来领略一下 Processing 的魅力吧。

Processing 将视觉形式、动画、交互的概念整合在一起，学生、艺术家、设计师以及研究人员都可以用它来设计原型和产品。

首先来看一下 Processing 的界面，它的界面非常简单，从上到下分别是菜单、工具栏、标签、文本编辑器、消息区域和控制台。

登录 Processing 的官方网站可以下载到开源的软件，登录后选择对应的系统版本，官方网站提供了 Linux、Macintosh 和 Windows 三个系统的版本，此外网站还提供最新的安装说明。

安装好软件我们就可以开始 Processing 的创作了。首先我们尝试绘制一条直线。大家都知道在平面坐标系中两点确定一条直线，而坐标系上的每一点都可以由两个坐标轴数值确定，我们常常将坐标点记作（x，y）。而绘制一条直线我们就需要两个坐标点也就是 4 个数来确定（x1，y1，x2，y2），其中 x1 和 y1 定义直线的起点、x2 和 y2 定义了直线的终点。

在编辑区写上一行代码：line（0，0，50，50）；

点击三角按钮运行程序，您会发现一条直线被绘制出来了。这里需要注意代码中的所有符号都是英文符号。这里看到的线条是 Processing 默认的线条样式，如果您想绘制一条比默认样式更粗一点的线，那么我们可以给代码增加一条语句：

strokeWeight（5）；

需要说明的是这条语句必须放置在 line（0，0，50，50）语句之前，您可以这样理解，我们必须先设置线条的样式然后再绘制，这样的逻辑也比较适合我们日常的用笔习惯，如我想画一条粗线我就必须先找一支粗一点的笔一样。

代码就会变成这样：

strokeWeight(5) ;

line(0，0，50，50) ;

如果我们有更多的需求，我们必须增加更多的代码来控制最后的视觉效果。我们可以设置背景颜色、线条颜色、粗细、透明度等。下面展示代码：

background(0) ; // 设置背景色为黑色

stroke(255) ; // 设置线条颜色为白色

strokeWeight(5) ; // 设置线条粗细为 5 像素

smooth( ) ; // 设置图形边缘平滑

line(0，0，50，50) ; // 开始绘制线条

我们还可以利用变量使我们更方便地绘制相同或相似的线条。

int　x = 5 ; // 设置变量 x 等于 5

int　y = 10 ; // 设置变量 y 等于 10

line(x，y，x+20，y+10) ; // 绘制线条从（5，10）到（25，20）

如果加入更多的语句可以使代码完成更多的任务。使用 setup( ) 函数和 draw( ) 函数可以控制程序连续运行，这是创建交互动画的核心语句。

下面我们创建一段与鼠标交互的小程序：

void setup( ) { // 初始化设定

size(100，100) ; // 设置窗口的大小为宽 100 像素，高 100 像素

　}

void draw( ) { // 程序循环执行以下语句：

background(200) ; // 设置背景颜色为灰色

float x = mouseX ; // 设置变量 x 为鼠标的 x 值

float y = mouseY ; // 设置变量 x 为鼠标的 y 值

line(x，y，x+20，y-30) ; // 绘制线条

line(x+10，y，x+30，y-30) ; // 绘制线条

line(x+20，y，x+40，y-30) ; // 绘制线条

　}

在这个简单的程序中我们可以和上文的 Action Script 对比得出：Processing

的语法相对简单，符合设计师的思维方式。不仅如此，Processing 还为我们准备了许许多多的案例，这些案例只要点击运行就可以直接看到效果。查看案例需要点击"文件"菜单，在里面找到"范例程序"，打开您想测试的程序即可。

第七章　交互展示设计的设计应用

随着社会、经济、科技的发展，人们的物质文化水平不断提高，对于艺术的追求也越来越高，传统的艺术形式和信息的传递模式已经远远不能满足当下人们的需求，尤其是多媒体网络艺术和技术的发展带动了许许多多的新兴产业和设计创意。交互展示设计在这样的环境中也发生了非常大的变化。从传统的平面式投影展示方式到球形幕、环形幕、异型投影、互动式投影的方式的改变；从单线程线性的展示模式到多线程非线性的交互展示模式的创新；从简单的视听体验到全面的交互式虚拟体验的提升。科技和艺术的进步给我们创造了非常多的印象深刻的作品，让我们重新切换角度和思维模式思考我们的未来。本章节主要涉及经典的交互展示设计案例，并从案例中思考和总结创意构思要素、创作流程和方法，最后再探讨一下交互展示设计的发展方向。

第一节　案例分析

最早的交互展示设计可以追溯到早期的艺术流派作品，如立体主义、未来主义、达达主义等。很多现代的交互展示设计思想其实已经包含在这些经典的作品之中了。杜尚有句名言"观众创作作品"，这句话中包含了交互展示设计中的重要概念。随着技术的发展，交互展示艺术已经开始从最初的探索试验逐渐走向成熟，产业化运作模式催生了很多符合人们生活需要的新产品。尽管交互艺术作品形式多样但都离不开观众的参与，也就是说，观众作为作品的一部分，没有观众参与，作品就不完整。

一、震撼的艺术

在 20 世纪 60 年代，美籍华裔艺术家蔡文颖的作品就已经在国际上享有盛誉，很多看过他作品的评论家都为作品中的含蓄、宁静、统一的东方魅力所折服，称他的作品是"令人震撼的艺术"。他擅长利用在当时还非常先进的电子和计算机控制技术来创作作品，他的很多作品已经在世界各地的一流展馆展出并收藏。他的作品由金属、玻璃纤维和光来重现植物状态的有机形态。在光、声音和环境的完美配合下，形成了一种与自然的共振。蔡文颖的作品虽然表达的方式还不具有互动性，但他的创作理念已经对很多国内的互动艺术家影响深远。

二、自助电影

1967 年，加拿大蒙特利尔世博会的捷克馆中首次公映了一部交互式影像作品——拉杜兹·辛瑟拉的《自助电影》。这部作品让观众成为影片的"导演"。电影放映到关键的节点会有表演者站在舞台上让观众选择他们认为应该继续的剧情，由观众投票决定电影的发展线路。在影片中一位年轻的女子正在洗澡，她身边只有一条毛巾，惊恐万分的她敲响了邻居家的门铃，此时询问观众邻居是否应该让她进来，两种可能——一种是"是"，另一种是"否"，观众选择了"是"，剧情继续发展。在绝大多数情节下，多数观众都回答了"是"。其实这部电影只是利用了观众的选择让两部电影的胶片交换放映，没有真正做成一个"树"结构剧情，然而观众却产生了一种"控制"影片的假象。

三、《同床异梦》

1992 年，艺术家保罗·塞尔蒙受芬兰电信委托推出了名为《同床异梦》的交互装置作品。它是利用电话网络将视频会议系统的两端远程联系起来，在 A 地点放置一张双人床，上面安放一个摄像头，录制床上的影像，然后在另一个 B 地点再安放一张双人床。将 A 点的影像投射到 B 点的床上。同时 B 点的床上也被安置了摄像头，将 B 点的影像远程网络传输到 A 点，再投射到 A 点的床上。除此之外还有两个摄像头分别拍摄人与影像的画面，最后一同被传输到四台监视器上。作者通过摄像头和投影装置巧妙地将不同地点的人安排在了同一个空间中，完成了远程的虚拟交流。这种类似的作品被称为"遥在艺术"。随着移动智能媒体和网络社交媒体的飞速发展，这种虚拟互动装置艺术有了更丰富的表现，也成为当代交互展示艺术作品重要的研究方向。

四、《冰之天使》

来自伦敦的艺术家 Dominic Harris 和 Cinimod Studio 擅长光影互动装置艺术，他们的作品《冰之天使》让观众成为天使。观众站在装置设定的位置便可化身为天使挥动着翅膀。作品通过捕捉观众的动作并记录在缓存中。当观众张开双臂挥动，装置会自动呈现出翅膀的形态并跟随观众的双臂一起摆动，通过完成特定的动作使观众体验作为天使的感受。该装置是边长为 2.7 米的正方形 LED 灯墙，外层有亚克力覆盖表面。LED 灯墙前方站台是用镜子做的，这样可以增强观众的交互体验。

五、TeamLab

TeamLab 是一个由 400 位"超级技术专家"组成的日本艺术团体，成员不仅有艺术家，还有计算机工程师、数学家、建筑师、CG 动画师、音乐人等跨学科人才。多领域专业人士的跨界合作让这个团队寻找到一个平衡点，共同创造出挑战传统艺术形式的作品，突破了原有艺术形式的束缚。当艺术的媒介不再局限于实体的限制时，空间的展示方式也随之改变，观者不再是被动的欣赏者，而是主动的参与者。这种角色的改变不光形成了一种全新的观赏艺术方式，还让更多人走进艺术，重新理解艺术的意义。TeamLab 的创作理念不只是一个固定对实体形式的理解，而是超越观者自身对视觉的想法，让不同感官享受这场与众不同的盛宴。在数字信息时代，TeamLab 集科技、设计以及艺术为一体，更深层次地探讨了人类的行为和艺术的定义。即便他们是当下全球前沿的跨学科艺术创作团队之一，但是技术并非他们唯一关注的核心要素，他们更希望科技被视为一种人道主义。因此糅合了艺术和科技的作品可以拓展人类的表达方式，重新提出人类生存等问题。

1.《水晶宇宙》

本作品（图7-1、图7-2）是将 LED 三次元地设置于空间之内，并且使用 Team Lab 独自开发的"Interactive 4D Vision"让三次元空间内移动的立体物能够即时且立体地被呈现出来。这是将无数的发光物作为粒子配置在三次元空间内，表现出宇宙空间里光的动态的互动装置艺术作品。观赏者可以在这个用三次元来表现出的影像空间所营造出的光之宇宙空间里自由地步行移动。观赏者进入空间的事实会对空间整体造成影响，让光线持续改变。而光线虽然在宇宙空间内会受到绝对性的影响持续变化，但是这个受观赏者影响产生的世界却一直都是以观赏者为中心形成的。宇宙虽然以一种绝对性的条件不断被创造出来，但被创造出来时也以观赏者为中心。进入这个空间中的观赏者能够借此与光完全融为一体。

图7-1　TeamLab作品《水晶宇宙》现场展示效果1

图7-2　TeamLab作品《水晶宇宙》现场展示效果2

2.《光洞》

《光洞》系列作品（图 7-3、图 7-4）透过光之线条的集合对空间进行再构成并建构立体造型。由于空间和立体造型都是由光线组成的，所以观赏者的身体可以整个没入作品之中。《光洞》由光线集合体将空间重组并建构立体物。这些空间与立体物都透过可用数位方式控制的光线集合体进行互动性的动作。

图7-3 TeamLab作品《光洞》现场展示效果1

图7-4 TeamLab作品《光洞》现场展示效果2

3.《共鸣》

该作品是通过发光的物体来表现的（图7-5、图7-6）。飘浮的发光球体会各自独立地行动，时而发出强烈的光芒，时而掩去光芒，宛如在缓慢呼吸一般。发光的球体被人推倒以后光的颜色会产生变化，并且发出该颜色特有的音色。周围的球体也会彼此呼应，变化成相同颜色的光并发出音色。接着，旁边的球体同样会连续性地彼此呼应。

当光芒从另一方延展过来时，就表示另一方有人在。这么一来人们应该会比平常更加注意到空间内其他人的存在。

图7-5　TeamLab作品《共鸣》现场展示效果1

图7-6　TeamLab作品《共鸣》现场展示效果2

4.《漩涡粒子》

当参观者移动时，会在其移动方向上产生力量，因此力量而产生流动。当快速的流动出现时，就会因为流体与周围的流速差异而发生转动现象，并形成漩涡。

本作品（图7-7、图7-8）借由无数粒子的连续体来表现流体状态，并计算粒子之间的相互作用，还会根据粒子的轨迹，在空间上描绘出线条。我们在TeamLab的"超主观空间"中将这些线条的集合平面化并且描绘出作品。

参观者的移动速度越快，就会在其移动方向上产生越强的力量。而当参观者停止或是没有参观者时就不会出现流动，空间内也不会存在任何东西。

图7-7　TeamLab作品《漩涡粒子》现场展示效果1

　　作品受到参观者行动的影响而诞生，并且持续变化改变样貌。就如海洋会因为出现漩涡而让海水彼此搅拌混合，借此使沉积在海底的生物尸体随着流动而浮起，变成拥有高度营养价值的海水。这样的海水能够变成滋养浮游生物的营养源，并且养育吃浮游生物的海洋动物。海洋会因为漩涡而变得更加丰富多彩。

图7-8　TeamLab作品《漩涡粒子》现场展示效果2

5.《灵魂之花》

一整年，依据季节变换而盛开的花朵会不断变化。花朵会萌芽生长、含苞待放、花开凋零、枯萎死亡，不停地重复着轮回。该作品（图7-9、图7-10）中的花是可以互动的，根据观赏者与花之间的距离，花会瞬间自动绽放、枯萎、凋落逝去。

作品是通过电脑程序实时地不断进行描绘，并不是将预先制作好的影像进行放映。观赏者与作品之间的互动不断地给艺术作品带来变化；每一个瞬间都是独一无二的。

图7-9　TeamLab作品《灵魂之花》现场展示效果1

图7-10　TeamLab作品《灵魂之花》现场展示效果2

6.《人生无常》

作品（图 7-11、图 7-12）背景中，樱花重复着开与谢、生与死。然后从观赏者与空间接触的部分，透过一定的规律和特定的间隔，产生圆形，并以放射状扩展，逐渐放大。生成的圆形只会改变背景世界中的明暗。

图7-11　TeamLab作品《人生无常》现场展示效果1

图7-12　TeamLab作品《人生无常》现场展示效果2

7.《群蝶图》

《群蝶图》中的这群蝴蝶是 Graffiti Nature 的作品里的蝴蝶。群蝶将其他作品从框架这一概念解放出来，一边消除作品的边界，一边自然地飞进其他作品的框架里。群蝶会在其他作品的花朵上停留，会受到其他作品状态的影响而飞走。当有观赏者走近它们时，它们的生命便会消亡。

作品（图 7-13、图 7-14）是通过电脑程式实时地不断进行描绘，并不是将预先制作好的影像进行放映。整体来说，并不是复制以前的状态，而是受到观赏者的行为举动的影响，持续进行变化。眼前这一瞬间的画面，错过就无法再看到第二次了。

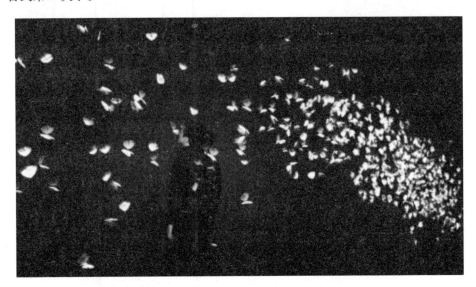

图7-13　TeamLab作品《群蝶图》现场展示效果1

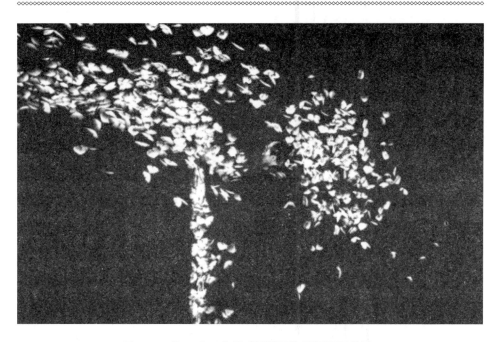

图7-14　TeamLab作品《群蝶图》现场展示效果2

8.《与花共生的动物们》

该作品（图 7-15、图 7-16）中的动物的身体上长满了花朵。花朵在动物的身上出现、绽放，凋零后散落。当人们触碰动物时，花朵就会凋谢散落。当花朵全部散落后，动物也会随之消失。

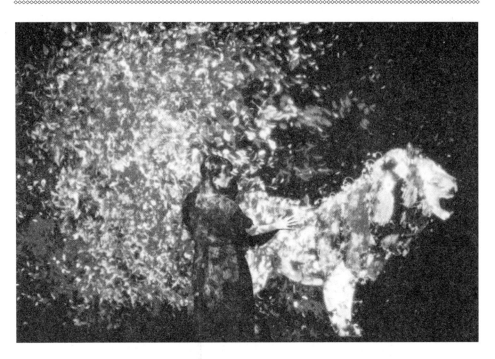

图7-15　TeamLab作品《与花共生的动物们》现场展示效果1

图7-16　TeamLab作品《与花共生的动物们》现场展示效果2

9.《不断繁殖生命的巨石》

在生长了苔藓的巨石（长 5.5 米、宽 4.6 米、深 6.5 米）上，花朵会永远重复着盛开然后散落的过程。本作品（图 7-17、图 7-18）会在一个小时内，让本地区一年里的花朵盛开然后散落，不断地产生变化。花朵会诞生、成长、开花，然后终将凋谢、枯萎、死亡。也就是说，花朵永远地重复着诞生和死亡。自我的存在建立于数十亿年的压倒性时间长流中永远不断重复生命生死轮回的连续性之上。但是人们在日常生活之中却很难察觉到这一点。当花朵的诞生与死亡在经过压倒性长久岁月而形成的巨石造型物之上永远地重复时，人们应该就能感受到生命存在于久远生与死之生命连续性上的事实。作品不是预先录制的动画，也无法回放，而是根据电脑程序实时呈现的。观赏者与作品之间的互动会不断地给作品带来变化。之前出现的状态无法复制，也不会再出现。

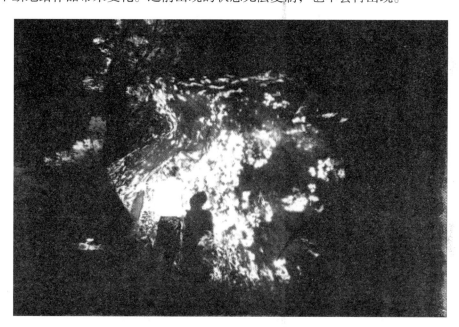

图7-17　TeamLab作品《不断繁殖生命的巨石》现场展示效果1

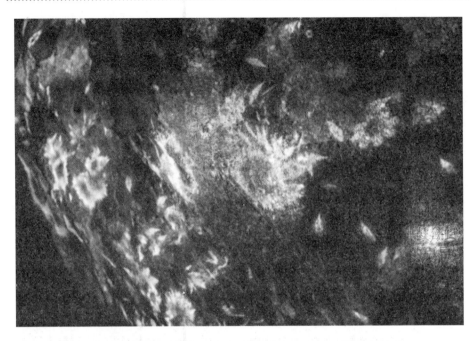

图7-18 TeamLab作品《不断繁殖生命的巨石》现场展示效果2

10.《瀑布》

图7-19 TeamLab作品《瀑布》现场展示效果1

本作品（图7-19、图7-20）超越其他的作品间的边界，有时和其他作品相互影响，在展览会的空间里，从天而降，形成巨大的瀑布。水用无数水粒子的连续体来表现，计算粒子之间相互影响，接着根据这些水粒子的移动在空间中描绘出线。而这些线的集合就形成了 TeamLab 所构想的超主观空间中的平面瀑布。当人站立在作品中时，会成为能够阻挡水流的岩石，观赏者自身变成了障碍物改变水的流向。作品受到观赏者的行为举动的影响，持续进行变化。眼前这一瞬间的画面，错过就无法再看到第二次了。

图7-20　TeamLab作品《瀑布》现场展示效果2

第二节　交互展示空间设计的创作流程

　　交互展示艺术的核心是交互性，而交互性需要作品和观众进行充分的沟通，由观众来控制作品的呈现，最终连带观众的控制甚至有时候观众也会成为作品的一部分。交互展示艺术，不仅仅是主观和视觉上的创作，同时还要考虑到数据的传递，以及科技的呈现方式。从美学、材料和技术的角度实现人机交互的体验艺术。下面将从这样的几个角度简单阐述一下创作的过程。

交互展示设计的创作流程：

（1）构思（图7-21）。

图7-21　关键词联想

（2）草图（图7-22、图7-23）。

图7-22　场景构建草图

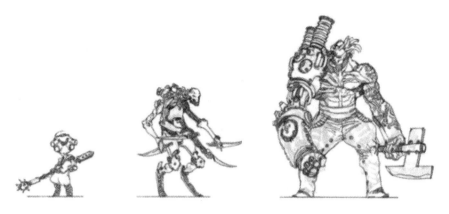

图7-23 游戏角色草图

（3）空间创意（图7-24、图7-25）。

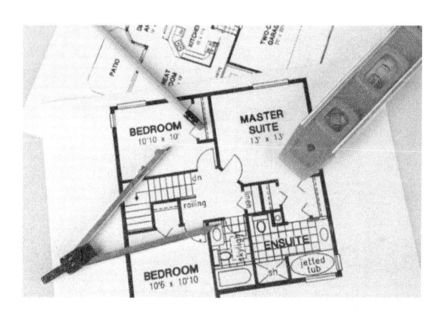

图7-24 空间布局图

图7-25　空间展示设计效果图

（4）材料分析（图 7-26、图 7-27）。

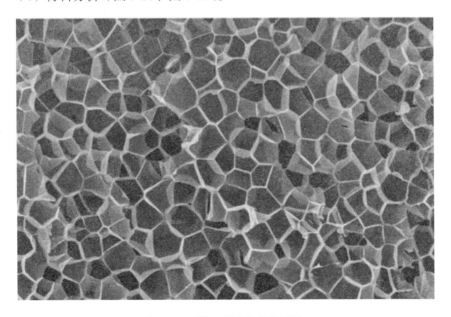

图7-26　聚丙烯微孔发泡材料

图7-27　硬质纸质材料

（5）技术实现（图 7-28 至图 7-29 ）。

图7-28　硬件技术实现

图7-29　视觉技术实现

（6）展示预览（图7-30、图7-31）。

图7-30　作品展示效果图

图7-31　体现展示场景的作品效果图

每一个过程都可以细化为不同的步骤。这个阶段主要完成的是"思考"。创意的最初想法虽不是最终实现的效果，但初期的想法非常重要，每个人在构思作品的时候，都会考虑到实现难度、创作所需的费用、人员的合作、时间的安排以及素材的加工。这些东西最初在脑海中呈现的是一个模糊且综合的想法，往往涉及具体细节的时候，会在后面的过程中解决这些问题。

第三节　交互展示的策划设计与创意构思

交互展示设计的创意方法很多，常见的创作过程和思路是初学者必须具备的。好的创意不一定能够从规范的步骤和过程中得到，但没有这些过程或者步骤，初学者很难将好的创意适当地表现出来，反而可能会因为创意步骤不规范而让自己陷入困境无法处理。很多很好的创意得不到有力的执行、初期考虑问题不全面、预期构想跟实际操作相距甚远、对工期和费用预计不充分等，都是初学者容易犯的错误。

一、创作构思

交互展示的创作构思基本上是创作者总结和提炼生活，将生活与创作相连，用艺术的表达方式诠释生活。一般创作的基本思路包含对选题、酝酿提炼、拓展思维、创意表达、空间展示、交互行为、观赏体验等方面进行安排和设计。从生活到艺术是艺术家进行跨越性思维的重要手段。除了艺术作品本身的类型不同，创作者的思维模式和个性风格直接影响到作品的表现。常见的心理活动思维方法有回忆、联想、猜测、情感和意识、惯性思维和逆向思维。往往构思需要花上大量的时间，其目的是让自己的主题更加明确。那么我们首先要做的就是确立一个主题。在通常情况下，要通过讨论来确立一个主题。确立一个主题，会根据所掌握的资源、技术、爱好等相关的元素进行思考，目的是产生一个原始的思想或者概念。从这一刻起，我们创造性的设计过程就开始了。然后创作者围绕这个概念和主题着手设计完成这个作品。创作作品的过程并不一定是线性的，创作者往往会在整个设计的过程中来回跳跃、多线发展。创作者会不断地修改原始的想法和概念，也会在创作过程中对想法进行微调和设计。

在创作思维中我们还可以借助一些工具来辅助我们思考，如利用思维导图的方式进行创作构思。思维导图是利用关键词推导，将想到的关联词语记录下来并逐级推导和联想，最后形成"树形"的思维导图。思维导图的联想方式一般包括相似形、相似意、相关事件、典故。

下面以"网络"为例展开联想（图7-32）。

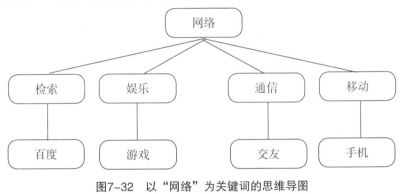

图7-32　以"网络"为关键词的思维导图

二、创意思维草图

当创作者头脑中已经有了创意的初始想法的时候，往往会利用最为便捷的工具辅助记录。可以写一些关键词，也可以写一段简短的句子，如果创意想法在头脑中比较具体了，可以利用草图的方式辅助创作。草图是创作者将思维从头脑中记录到纸面上的一种快速表达方式。草图可以大致表达比例和关系，一般不需要非常细致和具象，起到简化创作意图作用即可。草图是创意构思的第一中转站，可以让创作者快速记录和表达创意。草图能够简单快捷地与他人沟通，同时可以去除修饰元素，让思维核心更准确地表达出来。随着科技的发展，草图的形式得到了扩展。如在电脑中直接绘制，在平板电脑上进行创作，甚至可以是拍摄的照片，可以说草图是设计环节中最重要的一环。

三、材料与技术

材料和技术是交互展示设计的基本载体和驱动力。材料是生产与生活的必要基础，材料和技术的每一次革新都是推动艺术的基本动力。材料和设计不可分割，材料与技术的合理应用可以更好地表达我们的设计。

材料、技术与设计的关系：

材料是交互展示设计的基本载体。交互展示设计作品是材料的最终表达方式。对材料大小、光泽、延展性、硬度、密度等基本属性的理解和驾驭，可以使材料在交互展示设计中发挥超出想象的体验感受。每一种新材料的诞生都可以提升艺术的发挥空间。物体都有着自身的一个特征，如材料的色彩、肌理、质地等，对受众心理也会产生一定的影响，这种影响是长期的生活经验的反馈。例如金属、石材，使我们有硬、密度大、稳定的感受。玻璃可分为许多种，有钢化玻璃、磨砂玻璃，还有普通的玻璃等。无色玻璃可以给人一种清澈感和透明感，同时给人一种脆弱易碎的感受，这种脆弱感是人们在生活中经常看到的玻璃被打碎的场景的一种心理反馈；磨砂玻璃则给人一种朦胧感；有色玻璃会给人一种剔透感。同时玻璃还可以传达时尚、危险、奇妙的感受。木材和纺织品可以给我们温暖、自然、环保的感受。

技术是人类遵循自然规律，长期积累起来的知识、经验、技巧和手段，是人类利用自然改造自然的方法总和。在古代的解释是技艺、法术。据《史记·货殖列传》中记载："医方诸食技术之人，焦神极能，为重糈也。"技术在艺术设计中亦是如此，材料通过技术展现出不一样的情感和体验，技术通过材料展现其运作规律。材料和技术的结合使交互展示艺术的表现形式丰富多样，拓展了交互展示艺术创作者的思路，提升了设计师的表现手法。艺术形式不仅仅是材料和技术的展现结果，更多的是随着新技术、新材料的诞生，它们之间相互配合、相互制约，可以从艺术性、科技感、体验效果、社会价值等多方面理解它们的关系。材料的艺术性是指将材料与人的感官相连，让情感丰富起来的过程，并触发受众的思考和联想。这种感情原本并不是材料固有的，而是艺术家赋予的设计内涵通过材料来表现的。交互展示设计艺术将作品的功能、视觉感受和受众体验有机地结合起来，创作交互展示设计作品的时候，并不仅仅是利用某一项技术，而是多种技术的组合。

四、交互展示设计视觉处理技巧

我们可以从优秀的设计案例中吸取经验、总结规律，让我们能够更好地呈现作品的思路、表达创作意图。下面总结了几个交互展示的视觉传达技巧：

（1）元素的层次感

元素之间的层次感，可以突出想体现的主题，增强画面的节奏感。

（2）视觉重心牵引

可以运用点、线、面的构图来引导。

（3）善用对比色

强烈对比的同时，考虑到色彩的统一协调关系的处理有利于突出作品的主题。

（4）光线处理

利用光的直射、折射、衍射、明暗阴影、动态光效等手段来增强环境效果烘托作品。

（5）互动捕捉

利用互动传感器对观众的行为进行捕获，从而影响作品的呈现方式，增强观众的参与感。

（6）营造空间

突破现有的场景，利用投影或虚拟的表现方式营造出一种与现场感觉不同的体验，让观众有犹如在他处的奇妙感受。

（7）比例大小

通过不同的大小、宽窄、高矮、粗细、疏密等对元素进行夸张、对比处理，可以有效地增强视觉冲击，以求突破，在不经意间往往能收到奇效。

（8）生活性

充分考虑观众对图形的理解能力，利用自然和生活的元素，以回忆和联想的方式打动观众的情感。

（9）视觉幻象

利用视觉幻象来突出整体设计的视觉中心。

（10）抽象的表现方式

运用图形、色彩、声音等元素对作品内容进行抽象的表达，让观众印象深刻，加深记忆。

（11）娱乐化、游戏化

运用娱乐化体验让观众在游戏中获得作品体验，让观众在一种轻松愉悦的氛围中体验作品乐趣。

第四节　交互展示设计的发展方向与趋势

交互展示设计虽然兴起不久，但作为新的交流信息的媒介，其形式和模式也会随着科技的进步、信息技术的革新而发生巨大的变化。新的交互展示形式在其理论研究、交互行为、展出形式上都有很大的提升空间。信息化时代中交互展示设计将越来越多地应用在综合的传播媒介形式中。交互展示设计区别于传统的展示，其代表性的互动体验能够将信息传达得更加全面，也更加具有亲和力。时至今日，交互展示设计已经在教育、商业、医疗、军事等方面发挥着越来越重要的作用。

一、交互展示设计将越来越注重人性化

大量互动技术的生搬硬套是设计师创作作品时常见的错误理解，一方面是缺乏一定的理论指导，另一方面是没有注重人性化设计。交互展示设计的人本化、虚拟化、艺术化、科技化是其发展的主要趋势。"以人为本"是交互展示设计发展的重要方向之一。"人"是设计的根本，也是评判设计的主体。"人"有的时候也可以作为设计的研究和表现对象。利用隐喻、解构、变形、夸张等手法诠释"人"的概念是非常受欢迎的创作途径。如一些国际的展馆十分重视参观流程的设计，关注特殊人群的服务需求，考虑了更多的无障碍设计，有些

还设有休息室，不仅需要考虑受众作品观赏感受，还考虑到各种辅助的公众服务，为受众营造一种"场"的氛围。有互动、有交流、有对话才能称为"场"。"场"创造的是一种亲和力，使受众在参观作品的同时能够体验到作品的关怀，具有了这样的"场"的氛围，作品的造型、材料、质感、图像、声音等设计元素才具有了情感和深度。

二、互动的重要性将会提高

交互展示设计的互动性符合现代信息的传播理念，强调与受众的沟通与对话，这就意味着受众不是被动地欣赏作品，而是主动地体验作品。"寓教于乐"的观点最适用于交互展示设计。"请勿触摸"逐渐被"欢迎体验"代替，单一的静态展示方式也越来越不能满足人们的参观需求，鼓励受众参与其中，理解和体会作品含义，甚至有时候受众的参与才使作品完整。在这些作品中，"人"始终是信息传播的主体和设计的中心，其互动性随着科技的进步和观念的更新，更加适合现代的展示形式。2010年上海世博会中许多国家的展馆都引入了互动的展示方式，很好地传达了设计师的设计理念，展示了其国家形象，可见交互展示设计中互动性的重要意义。

三、网络化发展是必然趋势

互联网重新构建了世界，娱乐、工商、教育、医疗、军事等行业几乎都已经嵌入这样的载体中。我们的生活和学习更是离不开互联网，同样，艺术创作也在与时俱进，科技的发展带动了艺术的发展。以开放式整合各种资源并以数据形式统一，近乎光速的传播效率创造了多元的网络展示模式。大数据、云服务的运用使传统的艺术形式发生了翻天覆地的变化，新的艺术形式不断涌现。通过互联网，展示形式可以不受时空限制，多人异地同时创作成为现实。虚拟现实、计算机智能成为艺术创作的手段和工具。随着网络技术的发展，网络化的展示设计将逐渐成为独立的新学科供人们发掘和探索。

现阶段交互展示设计已经涵盖了传统的媒介和新媒体，新的媒介形式都具有复合特征，如网页、游戏、虚拟现实、增强现实等都是结合了多种媒介形式，如同时含有文字、图像、声音、动画等。通过计算机的数字化处理，传统媒介以相同的形式加以融合和互通，一串串二进制数据既能表示文字又能表示图形，信息时代给予了我们更多的思考方式和更开放的创新平台，互联网的思维模式打开了人们对信息传播的传统认知。随着计算机技术的发展，互联网技术、云媒体技术、智能技术的应用推广，交互展示设计迎来了新的挑战、新的机遇。新时代赋予交互展示设计新的生命力。

参考文献

[1] 曹世峰. 交互网页设计 [M]. 武汉：华中科技大学出版社，2020.

[2] 曾庆抒. 汽车人机交互界面整合设计 [M]. 北京：中国轻工业出版社，2019.

[3] 陈喆. 智能触控设备中文手写交互设计研究 [M]. 北京：北京航空航天大学出版社，2022.

[4] 程粟. 数字交互媒介设计 [M]. 苏州：苏州大学出版社，2022.

[5] 范凯熹. 信息交互设计 [M]. 青岛：中国海洋大学出版社，2015.

[6] 宫晓东，边鹏，魏文静. 交互设计 [M]. 合肥：合肥工业大学出版社，2016.

[7] 巩超. 软件界面交互设计基础 [M]. 北京：北京理工大学出版社，2019.

[8] 苟锐. 人机交互设计美学 [M]. 成都：西南交通大学出版社，2021.

[9] 郭宇承，谷学静，石琳. 虚拟现实与交互设计 [M]. 武汉：武汉大学出版社，2015.

[10] 陈汗青，康帆，陈莹燕. 交互界面设计 [M]. 武汉：华中科技大学出版社，2019.

[11] 李霞，王希萌. UI 交互色彩设计 [M]. 北京：北京邮电大学出版社，2015.

[12] 廖国良. 交互设计概论 [M]. 武汉：华中科技大学出版社，2017.

[13] 吕云翔. UI 交互设计与开发实战 [M]. 北京：机械工业出版社，2020.

[14] 马华. 交互设计原理与方法 [M]. 北京：北京理工大学出版社，2021.

[15] 马晓翔，张晨，陈伟. 交互展示设计 [M]. 南京：东南大学出版社，2018.

[16] 梦工场科技集团 . HTML5+CSS3 交互设计开发 [M]. 重庆：重庆大学出版社，2017.

[17] 彭冲 . 交互式包装设计 [M]. 沈阳：辽宁科学技术出版社，2018.

[18] 石云平，鲁晨，雷子昂 . 用户体验与 UI 交互设计 [M]. 北京：中国传媒大学出版社，2017.

[19] 宋方昊 . 交互设计 [M]. 北京：国防工业出版社，2015.

[20] 孙国玉 . 人工智能舞蹈交互系统原理与设计 [M]. 北京：中国传媒大学出版社，2020.

[21] 王洪羿 . 走向交互设计的养老建筑 [M]. 南京：江苏凤凰科学技术出版社，2021.

[22] 王巍 . 移动终端交互界面设计 [M]. 长沙：湖南师范大学出版社，2019.

[23] 吴永萌 . 用户参与交互设计新视角 [M]. 北京：机械工业出版社，2020.

[24] 夏孟娜 . 交互设计：创造高效用户体验 [M]. 广州：华南理工大学出版社，2018.

[25] 严晨，唐琳，杨虹 . 网页交互设计基础与实例教程 [M]. 北京：北京理工大学出版社，2016.

[26] 杨洁 . 视觉交互设计 [M]. 南京：江苏美术出版社，2018.

[27] 张敬平 . 演艺新媒体交互设计 [M]. 上海：复旦大学出版社，2021.

[28] 张岚 . 视觉传达设计及其与交互艺术的融合研究 [M]. 北京：北京燕山出版社，2022.

[29] 章颖芳，耿璐 . 数字交互程序设计基础 [M]. 上海：同济大学出版社，2016.

[30] 周晓蕊 . 交互界面设计 [M]. 上海：同济大学出版社，2021.